U0106760

不學無食 貳 2

一菜 一路

于逸堯 著

自序

一菜寫一路、一路學一生

寫作，只可以是種興趣。這是寫了十年多的飲食隨筆後，方能真正開始體會的一件事。以寫東西為工作，只要稍有一點中國語文基礎，如我這樣弱弱的寫，也不用才氣橫溢文采絢爛，便好歹也能夠 get the job done，尤其是在今天這個文字天天在貶值的世界。Get my job done 以後，是要經歷時間的推移，自己才慢慢地、客觀地對每選一個題，每寫一段字有超越責任以上的感覺、感受和感觸。

特別重要的，是感觸。最初，每寫好一篇，重複閱讀的時候，只能到達令自己感覺良好的層次。不是說這層次不重要，它其實是個人寫作的原動力之一，是人作為人的側面自我鼓勵。由自憐到自責，再到自勉自強，這是塵世旅程中，漫長艱苦的心靈遠征的起點。

漸漸，重讀自己寫的文字，開始脫離暗暗地自我沉溺的漩渦，能夠稍為清醒一點，讀懂行文背後的思維、意識和機心。那時候，感受才會浮現，對自己的批評才開始有較為實質的正面意義。如果從這裏能多下些苦功，方始有進步和成熟的機會。不然，寫下去也只是因循苟安而已。

而感觸，是情感與理智在腦內永恆的對立拉鋸中，一切未能在當中被抵銷而剩下來的碎屑。它好像鞋子裏的一粒小沙，它雖沒有能力使我們的步速減慢下來，但卻令人每走一步，都猶如被輕輕戳了一下，心裏有一個響號，不停地提醒和滋擾着我們，告訴我們世界是不完美的，路途是有荊棘的，人心是有弱點的，生命是有遺憾的。

人生，其實就是一道又一道菜，每一盆都有它自己的底細和造化。不過大部份時間，我們都只懂關心表面的東西，諸如好吃不好吃、好看不好看、價錢貴不貴、做得是否衛生安全等等。這些問題，全都跟吃的人有關，但卻脫離了菜本身的存在意義和價值。我們看待放入口中的菜餚如是，看待擁入懷中的親人愛人友人，乃至影響深遠、禍及世界的大是大非，也大多如是。那是沒有了感受和感觸，只依附着感覺而生存的結果嗎？憑我個人微弱的能力與潛力，暫且對此確是無從得知、無法理解。

我希望能繼續寫下去。不是為了尋找答案和根源，而是希望遇上答案和根源。遇上是緣，雖不可強求但也不能以此為藉口，而不思進取。這大概就是我到目前為止，所相信的和盡力地實踐着的學習態度。

于逸堯

二〇一九年春・香港

目錄

第一章

粵食粵有味

——幾百年由祖先傳承下來，
深深銘刻在我們舌頭中的粵菜味道，
到了今天，我們已經忘記了多少，還記得住多少，
以後還可以保留到多少？

◎ 廣東
◎ 香港
◎ 順德
◎ 潮汕

鷓鴣粥／水蛇粥／元肚藏鳳／九大簋／崑崙鮑脯／鹵鵝頭／柚皮與土鯪魚／叉燒與玫瑰露／中式牛柳／粟米石斑／辦麵與拌麵／豬頭粽／擔擔麵／葛仙米／粽子／

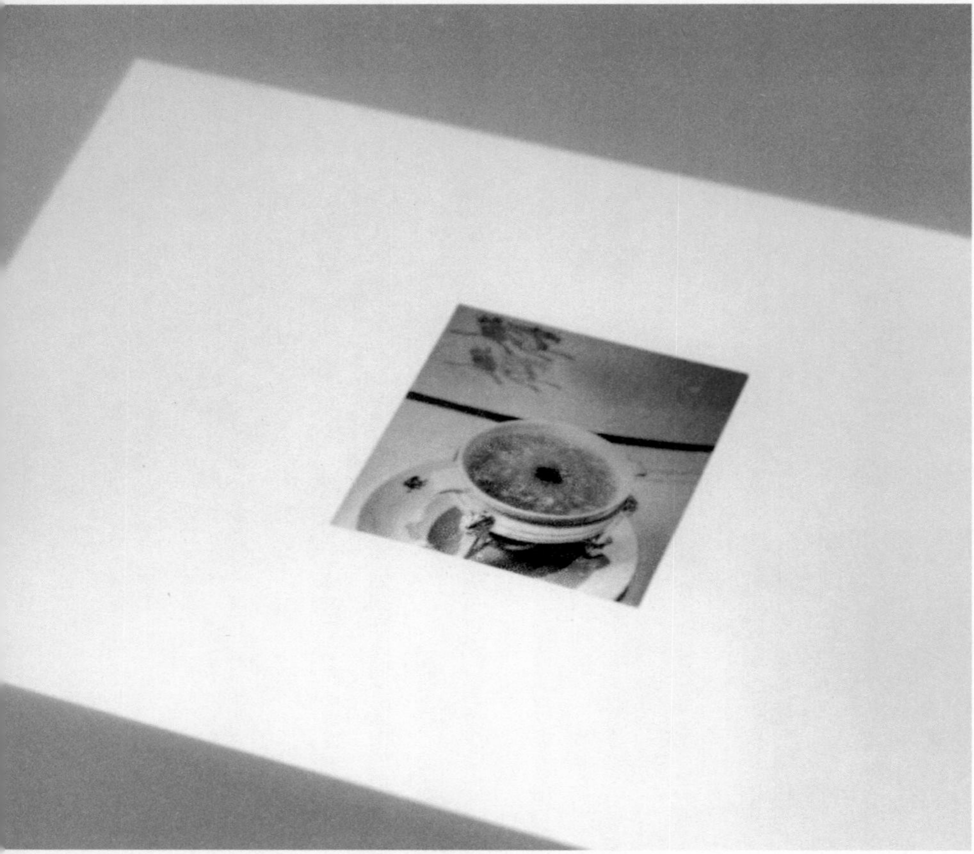

鷓鴣粥

◎ 廣東　◎ 羹
◎ 野味
◎ 古法

聖誕節的歌曲中，數最奇趣好玩的作品，一定有 *Twelve Days of Christmas* 的份兒。會唱的就知道，數着摯愛於聖誕十二天帶來的不同禮物中，總以一句「a partridge in a pear tree」來作

結。小時候不知 partridge 為何物，只知是隻鳥。又因為是洋歌洋文，深層次崇洋的心態自然令我覺得，「洋鳥」不論外表多沉悶，也一定是隻高級鳥，飛上梨樹變鳳凰。

其實 partridge 就是鷓鴣，完全不是外國才有的新奇事。作為中型鳥類，牠和雞一樣都是在地面上生活，不太會飛上枝頭。所以在真實世界中，是不會出現 a partridge in a pear tree 的畫面的。歐洲不少地區，傳統上視鷓鴣為打獵的目標之一。獵物當然會帶回家，做些野味菜式。我們中國人也吃鷓鴣，但卻視牠為帶療效的藥膳食材；當中廣東人尤其篤信此鳥有「化痰、定喘、止咳」的功能。

粵菜的鷓鴣類中，有一道比較古老的名菜叫「鷓鴣粥」。看到粥，今天的食客一定以為是用米煮成的稀飯，但這道菜其實是一道聽來簡單，材料也不多，但功夫瑣碎、工時漫長的細膩菜，表現粵港老饕食不厭精、膾不厭細的風範。此菜的概念，是把雀肉剁成肉糜再作成羹糊，當中完全沒有用到一粒穀米。基本上它只有三樣主要材料，就是鷓鴣、木薯和蛋清。鷓鴣取肉，仔細地把難以咀嚼的筋挑出，然後把肉攪碎，再檢查一次有沒有筋。肉糜還要加少許蛋清，令質地柔滑。鷓鴣的骨架也不浪費，和其他材料一起熬煮成湯。木薯蒸熟，搗成泥後加入湯中，令湯變稠成粥狀。當湯和肉糜合體煮開，一份鷓鴣粥便告完成。

鷓鴣粥不算是平民的食品。野生的鷓鴣不易求，野味的獨特香味也是這道菜先聲奪人的地方。從前在富戶或大酒家的廚房裏，會把它做成「官燕鷓鴣粥」。除了名貴，燕窩確有養生功效，也和這道菜的食感吻合。此菜今天已屬罕見，香港只有數家老店間中有賣。近日發現半島酒店「嘉麟樓」的行政總廚梁燊龍師傅有推此菜。梁師傅有三十餘年粵菜經驗，他把這個菜的層次提升，用山藥代替木薯或參薯，不單保健療效更佳，成品也更細緻香滑，符合嘉麟樓及其客人的品位。

水蛇粥

好友 Gigi 是中環老字號「蛇王芬」的傳人。認識她始於多年前一次訪問，那時候我才剛剛出版了第一本飲食文化專欄文集，對香港飲食行業的生態可謂毫不認識，只是空有無限的好奇和興趣。今天當然也不敢說知道得比那時候多，但透過認識了好像 Gigi 那樣對飲食業有實際經驗的行內人，助我開闊了眼界，亦打破了不少從前因無知而起的誤解及偏見。

就好像這篇主要談及的「水蛇粥」，若非看到她在店裏隨意拍到的一幀照片，透露了蛇王芬的菜單上原來有這道傳統美食提供，我是造夢也沒想過原來在香港，也可以如此簡單容易找到這種歷史悠久的粵式民間美食。聽聞水蛇粥的大名，多從對順德菜系比較熟悉的前輩口中得知。位於佛山與順德之間，有一處叫集北的地方，廣州以外的人可能沒有聽過這樣一個地方，但你跟廣州人說起集北，他們泰半即時會聯想到水蛇粥。

◎ 順德
◎ 蛇
◎ 粥

這廣受傳頌的美食，最初相信也是就地取材、自然而生的。順德龍江一帶，是珠三角中水道密集的區域，當中集北便相傳是盛產水蛇之地。粵人吃蛇，是有着久遠歷史的風俗民情。李時珍《本草綱目》中，講到有關蛇的食用價值和方法時，也指出「南人嗜蛇，至於發穴搜取……」，因為南方人相信蛇擁有多種食療功效，所以自古以來不懈搜捕，精烹細煮。這其中，當然有饞吃的心術在其中；有時候我甚至覺得療效都是藉口，滿足口慾才是吃蛇的真正原因吧。

水蛇粥和相關的蛇美食，在集北成行成市。在香港，從前都有比較強的吃蛇文化。今天，礙於多種客觀因素，蛇店的數目不如往昔，香港人也只懂得獨沽一味的「蛇羹」，對其他的「蛇料理」可謂連一知半解也談不上。我自己也屬不及一知半解之流，於是「不恥下食」，先問清楚 Gigi 當天是否有貨（因為水蛇的貨源不是天天都有，而且吃的話要吃鮮的），然後馬上到蛇王芬吃水蛇粥去……

入店坐下來甚麼也不管，先來一碗。那粥其貌不揚，但入口馬上啖出一道不尋常的清甜。人們愛此粥，都是因為那不一樣的甜味。那甜味用粥這個稠濃的載體來導入口中，是最適合不過的設計，能讓鮮味充滿舌頭口腔，給味蕾足夠的時間空間去仔細品味。蛇肉當然也是重點；另一神來之筆是那不多又不少的，混在蛇肉絲中的豬肚絲。無論味道質地，它跟蛇肉都是天作之合。一碗看似粗疏的水蛇粥，確能窺見前人的飲食智慧，感謝蛇王芬把它保留在菜單之上，功德無量。

元肚藏鳳

二〇一七年是丁酉年，生肖是「雞」。雞這小禽鳥，跟我們的關係可謂源遠流長。許多人可能從來都沒有見過丹頂鶴、大紅鸛等這些被藝術家描繪得出塵脫俗的神鳥。但談到雞，世界上很大部份地方的人都知道牠的存在，甚至天天和牠打交道。

以雞來作菜，四海皆有。中國菜中，許多菜系乃至地方及少數民族特色菜，皆有千變萬化的烹雞案例。由最簡單直接的廣東「白切雞」或江浙「白斬雞」，到比西方分子料理早百幾年，概念相同的四川「雞豆花」，寬廣程度可謂一雞一世界。不論吃法直接還是刁鑽，背後都累積了近百代人的經驗和心得，是得來不易的踏實飲食文化產業。

有一陣子，我很幸運連續吃到幾個形式相近的粵式燉雞大菜，想不如在這裏和

◎ 廣東　◎ 燉　◎ 燕窩
◎ 大菜　◎ 雞
◎ 豬肚　◎ 魚翅

大家分享一下。首先談談一道古老的功夫菜——「鳳吞翅」。鳳吞翅是否只有粵菜獨有？本人才疏學淺，不敢妄下斷語。但粵菜的高級食桌上，這個既名貴又華麗的湯菜，肯定曾經紅極一時。

有說鳳吞翅是來自山西晉菜菜系中，一個可追溯至漢高祖劉邦時代的歷史故事。漢高祖劉邦死後，呂后謀殺韓信，諸異己攬大權，後來在病榻中奇情地給魚刺噎死。呂后被譃稱瘋子，在打敗呂氏回復漢室的慶祝筵席上，加了一道「瘋吞刺」來嘲諷她。這個說法不知是否屬實；若從歷史文獻找證據，可以找到司馬遷《史記》記載有關呂后之死的一段：「三月中，呂后祓。還過軹道，見物如蒼犬，據高后掖，忽弗復見。卜之，云趙王如意為祟。高后遂病掖傷。」一說明呂后是被由她害死的趙王劉如意，化為犬隻來報仇奪命，似乎跟魚骨無關。又或是她受犬傷後，病重時不幸噎骨而亡，也不得而知。

以上說法，我個人覺得另一疑點，是有關魚翅成菜的歷史。有說現存最早有關魚翅的記載，是明末李時珍的《本草綱目》。清代宮廷食品中，已見好像黃燜魚翅這類菜；在傳奇的滿漢全席中，魚翅亦是其中重要的主材料之一，可見明清時期肯定已有吃魚翅的文化。但若說早至漢朝已有好像今天的鳳吞翅，我個人覺得有點神化。

因為輿論對食用魚翅的攻擊，許多傳統酒家都少做魚翅的菜。順應時代，鳳吞翅也被專做傳統粵菜大菜的「家全七福酒家」轉變，改用同樣矜貴的燕窩代替魚翅，變成名字更趣致的「鳳吞燕」。

位於灣仔的家全七福酒家，由廚師出身的徐家七哥領導，監督出品水準。七哥經常在酒家大廳坐鎮，對從廚房出來的每一道菜，都盡量親自把關，確保味道質素符合他與熟客們對傳統港式粵菜的期望。一道以官燕代替具爭議性的魚翅上場的「豬肚鳳吞燕」，便是這種保留了舊日精細粵味的功夫大菜。在製作過程中，任何一個步驟都異常重要。只要稍有差池，便會影響整體效果，甚至摧毀全個菜。

此菜詳細作法我當然不會懂，但有幾個明顯而重要的步驟，還是不難從製成品中察看和推敲得到的；再跟廚師和樓面確認一下，便能粗略明白。「鳳吞燕」這名字，已經十分形象化地道出菜的要點；一隻雞的肚皮裏，藏滿了牠吞下的官燕。實際上，那些燕窩是如何藏在雞的肚腔中呢？這原來是個工序繁複的過程。

首先雞要去骨；可這件去骨的事，絕不是平常等閒的做法。為了保持雞形完整，在過程中不可以把雞剖開，只可從雞尾開個洞，小心翼翼地把整隻雞掏空，到差不多只剩下雞皮的地步，而雞皮也絲毫不能破。燕窩給釀入雞皮囊後，還要把這頭吞燕鳳放進已經清潔乾淨，大小適中的薄皮豬肚中。最後把豬肚封起來，便可以放入老雞、火腫、豬骨等材料熬製而成的上湯中，燉上好幾個小時。這樣在烹調的時候，湯的熱力便會均勻地包裹着元肚，慢慢令內裏的雞皮和燕窩溫度上升。這有如最近我們城市人趨之若鶩的「慢煮」技術一樣，用恆溫和時間來令燕窩在雞皮內定型。而上湯的味道，也同時滲入豬肚，令整道菜的味道達到一致性。

上菜時的趣味也不容忽視。那天我們一行十數人，特地去家全七福見識這個大菜，當中不乏飲食界人士，包括中西廚師。當侍應把湯盅端出時，頓時滿席起哄。這個湯是在客人面前開菜分菜的，一來保持材料的熱度和鮮度，同時也給客人見證切開雞身的一刻，展現內裏如水晶一般閃亮的燕窩球。這其中還有廚師的信心表現，因為在未切開元肚和雞身之前，是無法確定菜是否做得成功的。到了開肚一刻，大家都擁簇圍觀；破開肚皮瞥見雞形完美，再把雞一分為二，露出裏面燉成固態的官燕，此刻讚嘆之聲不絕於耳。然後每人分到碗中的一球燕窩和一片元肚，浸於澄明上湯之中；雞皮再裝盤另上，給有興趣的夾食。

鳳吞燕若果是個大家閨秀，那麼另一道我自己認為有異曲同工之妙的創意大菜「四寶元肚湯」，就一定是個深具傳統涵養，但同時卻無懼銳意創新的先鋒人物。

灣仔「家全七福酒家」的「豬肚鳳吞燕」

把這破舊立新的先鋒，帶上香港現代粵菜多元化舞台上的，是尖東海景嘉福酒店「海景軒」粵菜廳的名廚梁輝雄師傅。梁師傅不但入廚經驗豐富，而且工作方法亦緊貼潮流。能夠晉身猛人輩出的香港名廚行列，除了因為他德高望重，廚藝知識及創意皆令人留下深刻印象之外，我相信更因為他善於溝通表達，講解理念時有條不紊、思路清晰。梁師傅還寫得一手好文字，長期活躍於各大社交媒體平台上，與新一代的媒體人和客人，經常在網絡上交流溝通。

而梁師傅的四寶元肚湯，是海景軒歷年來在他掌舵下的眾多創意菜式之一，而且貫徹他的個人風格，在傳統烹飪技巧上，挪用經典菜式背後對食材配搭和處理的基本概念，摸索出令人眼前一亮、精神一振的新趣味和新美味。這個菜的原理，跟鳳吞翅/鳳吞燕其實沒有兩樣，但卻又有截然不同的效果。

首先，梁師傅在這裏用的不是普通的雞，而是藥用價值備受推崇的竹絲雞，或者雅稱為「白鳳」。竹絲雞的脂肪沒有一般雞的油感，肉質也比較清瘦。這隻同樣是封藏在薄皮豬肚中的白鳳，便沒有如鳳吞翅/鳳吞燕那樣，把骨頭和部份的肉去掉。而且白鳳這次所吞下的，並非甚麼名貴滋補的高尚食材，卻是意想不到的平實養生保健之選，分別有糯米、蓮子和紅棗。這三寶被白鳳吞入肚內之時，還是未曾煮過的全生狀態。但上菜之時，當侍應從濃湯中取出元肚，破肚顯露烏雞之時，它內裏的生米，經已神奇地煮成清軟綿滑、帶着棗香的熟飯。而且這個肚中的「焗飯」，吃起來一點也沒有平常湯渣的粗糙柴乾，而是絕對可以獨自成菜的水準。加上另一寶——竹絲雞肉，和包裹着它的豬肚，全都堪稱可口味美。

這道菜另一重點，是用以燉煮元肚藏鳳的上湯。這湯與上面提過家全七福的鳳吞燕所用的湯很不一樣。梁師傅在中間加入了明顯的胡椒香味，想是應用了潮州名菜胡椒豬肚湯的概念。胡椒和豬肚是良配，此舉令湯菜吃起來有多一重味感上的厚度，亦不會與烏雞和糯米的清香味道相沖。

不論鳳吞翅、鳳吞燕還是四寶元肚湯，當中所用到的全雞，無論去骨與否，做法都是藏在一隻元肚之內。元肚本身的處理也講究；首先大小形狀要合適，而豬肚本身亦要先去臊味和多餘雜質，變成一隻厚度均勻、薄而不破的口袋，好能把釀入餡料的雞緊密地包藏着，不留多餘虛位。此舉除了有助於烹調過程中，保持全雞的完好形態之外，更有隔水恆溫慢煮的效果，令鳳吞翅內的翅針，或鳳吞燕內的官燕，在近似真空狀況下恆緩受熱，保存並融合本身的膠質，達到成菜後切開來不會散開的效果。同樣道理，在四寶元肚湯中，令使浸泡好的糯米，在雞腔內煮成綿軟的熟飯。

經典法國菜中，有一道叫「豬膀胱雞（poularde en vessie）」，原理和我們的各種元肚吞鳳異曲同工，只是它的主角是雞肉，我們的主角是餡料。用豬肚包着釀雞，主要是為了保護內餡，助其成形。若內餡不是會輕易煮散的材料，其實毋須用上豬肚。跑馬地一家專門鑽研古法手工菜的私廚「天一閣」，便有一味招牌菜叫「黃酒鳳吞鴿」。顧名思義，這道菜是把一頭鴿子釀入雞身，鴿子肚內還藏了幾個焓鵪鶉蛋。上菜時剖開雞腹，先見鴿身再見鳥蛋，真是高潮迭起。因為鴿子和鵪鶉蛋不會在燉湯過程中煮散，所以這個菜是沒有用上元肚的。

黃酒鳳吞鴿，店家亦寫作「狀元紅燉鳳吞鴿」，靈感據説來自傳奇菜「曹操雞」。傳説曹操患有頭風症，赤壁之戰後退守廬州（今安徽合肥）逍遙津備戰，疑因操勞過度引發頭痛不止。幸好隨行軍廚想出利用了逍遙津當地的嫩母雞，配合多種中藥材如天麻、杜仲、桂皮、茴香等，以古井貢酒為引，烹調成一道既具療效而又美味的藥膳雞。當曹操頭痛得胃口全失之際，此菜不但成功刺激他的食慾，連續吃了三數天，頭痛症亦漸漸好起來。自此曹操下令，行軍時如客觀條件允許，軍廚都要為他準備這道藥膳雞，此菜也因此名留歷史、天下皆知。

天一閣就是根據這「逍遙雞」，改用上好黃酒和合清水，再放入小心調配的藥包，精燉數小時而成。成品湯頭不但沒有怕人的藥味，反而引發一陣奇特幽香，全賴各種食材和配料之間的相互平衡和彼此制衡。而這，也正是中國烹飪藝術中最重要的基礎概念，着意使得不同食材互惠互利，達至理想完善的中庸之道。

九大簋

新春伊始，在傳統的農曆新年節慶期間，以往的節日氣氛，確實是比較今天的要濃厚。除了社會結構變異、生活方式西化、家庭觀念瓦解、人際關係淡薄這些任誰也說得到的原因，物質價值的改換，也是其中主要元素。過去的生產力遠不及今天，資源寶貴同時昂貴。一年一度的慶典，變成所有人全心期盼、全情投入的大事。那些豐盛美食張燈結綵，雖然肯定不及今日的華麗閃爍，但還未極端物化的人心，卻能以赤誠和純真，開懷歡喜迎接新年。

從前偶有機會大魚大肉，人們都會以吃「九大簋」來戲謔盛況空前。當中這個「簋」字，絕對不是現代漢語的常用詞彙。「簋」粵音讀作「軌」，原是古人祭祀時用來盛食的大型容器。以簋來作桌上的盆碗，是呼應古人在文明的進程中，賦予食物一重超越只為填飽肚子的寓意，令中國傳統飲食面貌更早慧先進，美學結構與藝文含義皆引人入勝。同時，祭祀本是天子貴族的份內事；民

◎ 香港　◎ 宴席
◎ 圍村
◎ 節慶

間以簋來出菜，也是人望高處的期盼與表示。

香港本地的傳統節慶筵席，尤其在鄉郊地區，都有以特色盆菜為主調。其實除了盆菜，喜慶時候的大戶人家也有擺九大簋的情況。今天專營盆菜的廚房，有些也同時供應九大簋。香港圍村的九大簋，亦即是所謂的「九碗」或「九砵」，以歷史悠久的元朗屏山為例，一般都包括以下這些菜式：小盆菜、陳皮鴨湯、黃酒雞、梅子鴨、炸生蠔、炆腩肉、魚肉丸、菠蘿紫薑及雞汁燴花菇，再配以大鍋味飯，是農村生活非常豐饒的盛宴。

其實據我個人的粗淺理解，九砵內裝着甚麼菜餚，也沒有硬性明文規定。我們常說「各處鄉村各處例」，

北角城市花園酒店「粵」中菜廳「春盈福滿九大簋」套餐中的一味「豐盈濃汁燴花菇」

每家每戶在依循古禮的大前提下，亦能根據實際情況及口味喜好，糅合出各具特色的九大簋。這個習俗，隨着消費市場的現代化發展，早已不知不覺間跑進酒樓食肆的菜單裏去，成為節日聚餐的其中一個富有地方色彩的選擇。就好像北角城市花園酒店「粵」中菜廳，便曾推出新春九大簋套餐，菜式大致依據客家家宴傳統並從中調整，配合今日精品食館的待客規格。此等隨着懷舊風氣而來，古老當時興的主題餐單，也許是我們物質生活太過突飛猛進的一種回響，亦是生活文化與商業社會在迴旋尋根的過程中，一個有趣的交叉點。

崑崙鮑脯

常言中菜博大精深，此說法其實我覺得很虛無。就正如面見前輩時說恭維話一樣，只是公式化地口甜舌滑，沒有包含真心讚美，卻全是禮多人喜歡的虛偽台詞。說自己民族飲食文化「博大精深」的仁兄仁姐，依我所聞泰半對中菜毫無認識更全不尊重，只是在需要時藉此自吹自擂，出個因自卑而自大的口術，說罷自我感覺良好而已。

當有人真正用心去對待中菜，肯花心思精力乃至不計代價地鑽研，我可以想像典型的中式喪心毒舌，會搬出「啤！冇嗰樣整嗰樣搏出位！」的罪名來，貶低別人以掩飾自己的無能。我當然不是說真的有這樣的事情在發生着，只是我太了解我們中國人了，這種愚弱的劣根性，深深植根我們體內，好像病毒一樣，妨擾打擊力爭上游自強不息的正念。

◎ 廣東　◎ 古法
◎ 龍躉　◎ 燜
◎ 鮑魚

所以我真的很敬佩年輕有為的師傅，勇往直前不怕失敗，憑一股赤誠做出實事來。今天在香港，幸好還有些不去追風趕潮的青年廚人，願意躋身無論待遇、機遇與際遇都不及西菜的中式廚房裏，敢作敢為的承擔起又要保養傳統，又要與時並進的艱辛使命。

近日，有位年輕中菜總廚鄧家濠師傅，巧製了一道古老菜「崑崙鮑脯」。這道菜的做法，與不少高級傳統粵菜一樣，既繁複又費時。作為滿漢全席的其中一道名菜，「崑崙」其實是巨型乾龍躉皮的雅稱。這些大得足以把一個成年人包起來的乾貨魚皮，取自逾百斤重的野生大龍躉。即使捕獲此奇珍，今天很少漁人會花氣力功夫去取皮，寧願斬件散賣更有利可圖。因為魚皮一定要在殺魚後第一時間剝出，不然魚皮一旦充血，即告全張毀掉。這也是龍躉皮罕有而昂貴的原因之一。

浸發崑崙是厭惡性工作，過程費時且臭氣熏天。發好後磨掉黑皮、去掉魚鱗的成品，質優者儼然半寸厚的純美膠原。因久煮會溶化，崑崙的燜煮時間不會太長，放入鮑汁中與切成大小厚薄相若的鮑脯同吃，不但能對比龍躉皮腍滑綿軟的質感，亦能彌補它可能有殘餘腥味的弊端。

那天吃了這菜，體驗香醇濃郁；而我發現當中最難的，不是技術，而是廚人的氣量。如此尊貴殊勝的奇菜，今天做來風險重重——可能沒人懂得珍惜欣賞，也有可能滯銷，甚至惹來批評。如果廚師畏首畏尾，便永遠無法令這幾近失傳的飲食文化瑰寶留傳於世。到時損失的，還不是我們食客。所以最切實的行動，便是去了解、學習、光顧、品嚐。不然蘇州過後才悔恨，便也為時已晚。

鹵鵝頭

我常埋怨香港人不懂「國情」。我所指的國情，當然不是美國總統每年發表的「國情咨文」的那個國情，更不是常常被既得利益者濫用，懷不軌企圖而拒世道於外的那個堂皇藉口及打壓工具。我所說的，是從文化角度觀察香港人，因為身份危機所引發的自卑排外心態和自大膨脹態度。這態度除了令我們看事情的角度變窄，更令我們故步自封，跟世界的現況脫節。

我亦常埋怨香港嚴重缺乏中國地方菜。老實說，我真的很看不起港人花百多元排一兩小時隊吃碗拉麵就感覺良好，賣三十多塊錢的功夫雲吞麵卻嫌昂貴；也不明白為甚麼容得下滿街真假馬卡龍，卻容不下原味的貴州菜雲南菜或山東菜等等。說這些地方「遙遠」，論地理位置哪及東京巴黎？若說「陌生」，經常去東京「佔便宜」卻連半句日語也不會的港客，對東京的了解又有多少？覺得東京要比雲南貴州親切，那絕對不是錯，但中間的心理狀態便相當耐人尋味。

◎ 潮汕
◎ 鹵水
◎ 鵝頸頭

就算是「近一點」的如順德潮州，正宗又富地方特色的口味，依然會被港人以「怪」為名，嗤之以鼻。就以潮州菜為例，香港人吃來吃去都是四不像蠔餅（而且根本就不叫蠔餅），和悶蛋剝皮大眼雞（吃了幾十年，連這叫「魚飯」也不知道）。本地化口味是潛移默化的自然進程，無可厚非。但以本地化的東西來當真貨辦，還要蔑視人家的正品，嚷着吃不慣，那不是野蠻無知是啥？

就是因為這種先天不足，加上後天的租金猛於虎，一切稍為偏離「主流」味道的，在香港都沒有生存的空間及餘地。偶爾找到非一般（其實在原產地實屬普遍）的地方食品，便如獲至寶。既然談及潮州菜，便嘗試從我這門外漢的仰慕角度，談一件潮菜的寶物——獅頭鵝。南中國的食用鵝品種，較有名的要數黑鬃鵝與獅頭鵝。黑鬃鵝在體型上屬於小型鵝種，一般用約半歲大的鵝苗製作燒鵝，貪求它肉脆而帶汁，能做出皮脆肉嫩的效果。

燒鵝是港人其中一樣光榮。雖然小時候常見所謂「潮蓮燒鵝」，潮蓮位於新會，因此燒鵝製作本非香港文化產物。另有一說，香港的深井燒鵝都是旅港潮州人先做的，但此說無法證實。只知潮汕的確視鵝如寶，但他們不用燒，而用較優雅的方法——鹵，去烹調獅頭鵝。而且他們還專門愛吃鹵鵝頭和鹵鵝頸。

小時候跟着長輩們去潮式酒家吃飯，他們例必會點些最典型的潮州名菜，其中包括鹵水鵝。依稀記得，長輩們有時會叫鹵水鵝做「正鵝」；已經好久沒有聽過有人這樣叫了。至於為何會叫正鵝，當年我不懂去問，今天更是無處尋得着答案。

時移世易，許多東西都在轉變中，但香港人最熟知的潮菜選項，卻依然是十年如一日。到潮州酒家，還是例不吃鹵鵝不得罷休，彷彿潮州菜就只有這個，沒有其他。姑且不論潮州美食之廣博及多元，單是談鹵水這回事，就已經可以自成一角，有一個內容豐富的小小世界在其中。鹵水的靈魂，那個鹵水「膽」，便是一門各師各法的隱世絕活，像武林秘笈一樣不輕易外傳。看多年來描寫鹵水食品的文章多不勝數，但從來沒有披露鹵水汁中究竟用了甚麼神秘的香料，來做出如此醇厚雋永的味道。

最上乘的鹵水，應該能夠達到只烘托而不現身的境界。即是譬如說鹵鵝，不論吃的是鵝肉鵝頭還是鵝肝，都應該吃到鵝的獨有肉鮮味。鹵水在這裏面的作用，只是把任何不受味蕾歡迎的臊味辟除，而非主客不分，吸引了食客的注意力，令食材的面貌模糊曖昧。如此這樣水準的成品，老實說在今日的香港實屬罕見。

另一吃鹵水鵝的口味態度，是鵝肉的質地。香港人不少都自命「懂吃」，認為挑剔是「識飲識食」的竅門。我們高傲自滿的口齒，只選擇脍軟的東西來吃。可能因為這樣，鹵水鵝在香港，一般都以養了百日多的「小鵝苗」來製作，貪求肉嫩汁豐。但聽說潮汕當地的傳統口味，原來是十分不一樣的，吃鹵鵝首選大個子的「鵝中之王」——獅頭鵝，就是因為覺得有點嚼勁才有風味。香港人最趨之若鶩的鵝片，也並非潮汕老饕的心頭好。

他們反而愛吃鵝頭，而且鵝齡愈大愈好，養至兩到三年的老鵝，牠們的頭頸便最為人所津津樂道。那皮爽肉香、充滿膠質的頸部肌理組織和頭部鵝冠，就是牠最珍貴的地方。尤其是鵝冠，是鵝獨有的特色；老鵝冠個頭夠大，而它的動物膠質吃起來，比豬手牛筋之類要細膩很多。一個夠年長，鹵得風乾亮黑的汕頭老獅頭鵝頭連頸，在香港動輒要千元以上的價位，而且可遇不可求。值得與否當然見仁見智，我自己就非常欣賞那頭接頸的轉彎部份，一吃難忘。雖然是貴，但與同好食友偶爾分享一個半個，也可說是不亦樂乎。

太子「好蔡館」來自汕頭的三十六個月大鹵水老獅頭鵝頭頸

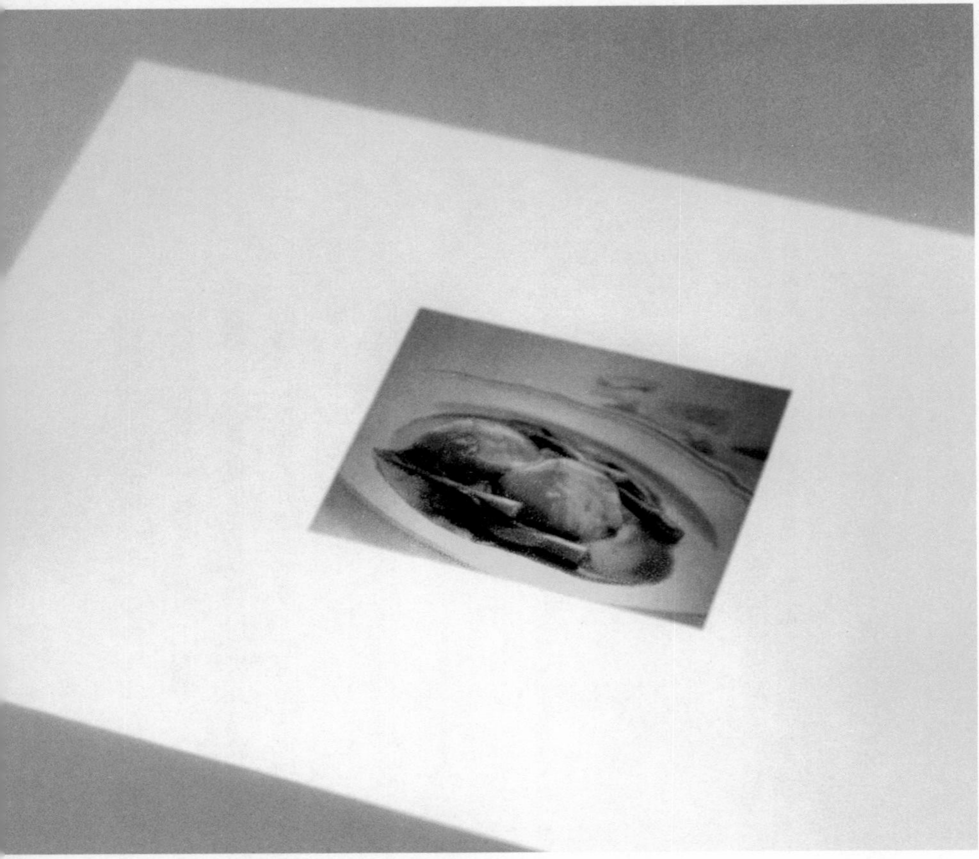

柚皮與土鯪魚

◎ 順德
◎ 柚皮
◎ 鯪魚
◎ 燜

每個人都有自己的專長與喜好，不論在工作還是在工餘活動中，許多時都會因着這些專長喜好，而在某些相關範疇中表現得特別好。當事人的背景和經歷，是培養出這種個人特色的源頭。簡單地說，你是吃甚麼奶水成長的，你也可以創造同出一轍的文化養份。就以音樂創作為例，你喜愛怎樣的音樂風格，大致上你的作品也會有類同的效果。

廚師就更加受到自己的食歷所影響。在學懂了基本的專業廚房運作模式以後，決定自己可以煮些甚麼賣些甚麼時，撇除生意上的現實商業考慮，往往會回歸基本，從自己的根源處去尋找靈感的線索。畢竟，食物是有關記憶的，有些味道可以把人帶回自己的家鄉，安定心靈，撫慰疲累。在香港這種消費掛帥的社會環境，餐廳酒家要賣嘩眾取寵的菜，許多時是逼不得已。清雅的環境和殷切的服務，固然是高級食府的優點；一些昂貴或罕見的佳餚，也是這種食肆一貫的強項。從前我們不論貧富，家裏都有住家安樂飯，但時移世易，今天的典型香港新家庭，廚房連泡個方便麵也嫌狹小，上館子的意識形態已從根本上改變了。不少食客追求的，可能只是一點好像家的味道。

有次和朋友一起，到灣仔君悅酒店的「港灣壹號」粵菜餐廳，其中一位吃了一道柚皮菜覺得很出色。主廚陳漢章師傅跟我們一桌人認識，中途有出來跟我們閒聊。大讚柚皮美味的那位，母親是順德人士。他與師傅分享一個小時在鄉下吃的菜，是清燜柚皮上面放鯪魚蓉的家常吃法，問師傅有沒有聽聞過。師傅雖說沒有實質上吃過魚蓉柚皮，但馬上推想出這個菜式的來歷和成菜的因由，令我們都長了見識。

柚皮是個功夫多又麻煩的食材。柚子先要削去最表面帶顏色的皮層，直至全部白色的內皮露出。然後切開外皮，去掉果肉，果皮先汆燙再泡冷水，接着要把它大力擠壓，把帶苦味的汁液榨出來。換上清水再重複浸泡榨壓多次，歷時兩天直到苦水吐盡，柚皮才能用。廚師會用煎過的土鯪魚和豬肉一起熬奶湯，把柚皮放入湯中燜煮入味。完成的柚皮已經很美味，還可再以蠔油蝦子或鮑汁去燴，令它再華麗一點。家庭式做法，不浪費作奶湯的鯪魚，拆肉拌柚皮吃，就可能是我友人的家鄉味道了。柚皮與鯪魚的故事，若非這一頓飯的閒話家常，我也許無從得知。而這也正是吃飯時，除了味道以外的另一種趣味。

叉燒與玫瑰露

資訊愈發達，人似乎卻愈容易變得懶惰。懶惰皆因錯覺一切都是唾手可得，所以不用再去學習、牢記、苦練，更毋須觀察、了解、領悟，最後連推動我們進步的好奇心和求知慾也拋諸腦後。無他，今天的生活環境，有機會的人機會太多，沒機會的爭取也是徒然。在畸形發展的社會氣氛下，犬儒就是王道，反智才是時髦。懂得愈少似乎愈安全愈舒適，因為在極端保守思維的暗湧之中，人人順民個個愚笨，便正中少數既得利益者的下懷。所以帶着陰謀論去想，以上的情況絕對不是一種偶然。

要對抗這設想中的惡魔，我一向的信念都是從自己開始做起。其實，就算上述的陰謀論不成立，去身體力行求知求識，也不會對自己和別人有甚麼壞處，何樂而不為呢？所謂見微知著，愈是平常、愈是毫不起眼的東西，愈好作為溫故知新的課題。我常常選擇一些菜式來造文章，原意也不外為了自強，同時也希

◎ 廣東
◎ 燒味
◎ 露酒

望分享一下真正能吃下肚子裏的冷知識的樂趣。

不如就談一下叉燒吧。在香港生活，無論你是否廣府人士，甚至旅居本地、以這裏為家的外國朋友，相信也應該無人不知甚麼是叉燒吧。這個最平常、最受歡迎、可說是人人都吃過的廣式燒臘代表，它的美味在本地實在已經太過理所當然了。但當你曾經離開過，在外地捱過生活，便會知道好吃的叉燒絕對不是必然的，而你也因此會更加敬佩能巧弄叉燒的偉大廣東燒味師傅。

近年大家對叉燒的關注，開始因為高級中菜餐廳滿地花開而進入近乎觀戰評賽的狀態。無論是媒體還是普羅大眾，都掀起一股叉燒精品化的大火拚。餐廳和食客開始一頭栽進了昂貴食材趨時擺盤的惡性競賽之中，以近年名氣響亮的西班牙黑毛豬，或港人迷信「日本一定好」的東洋黑豚作料，動輒三百塊錢一碟的富豪叉燒，已經成為業界的某種新標準。然而，在吃得貴了、吃得刁鑽了的同時，是否也就等於吃得好了，和吃得「懂」了呢？把目光集中在有趣的外來新食材的同時，若果也把同樣的關注度，放在製作叉燒的傳統技巧和材料上，想想前人為何會有這麼一個概念和選材，也許我們更能從中找到做得更好吃的叉燒的竅門也說不定。

早陣子到沙田凱悅酒店「沙田18」中菜廳吃晚飯，同桌都是愛吃又好學的飯友，浩浩蕩蕩佔據了餐廳其中一間廂房。也不是因為豪氣，更不是貪求私隱度才主動吃「閉門羹」，為的只是這裏的一道只能在廂房內才能上的特色菜——「堂弄玫瑰露叉燒」。相信不少朋友，當聽聞連最常見不過的叉燒也要包廂才能點，少不免懷疑此舉全為滿足某類客源炫富的排場需要。但實情是，這個菜的特別安排，是完全基於安全上的考量。

吃叉燒又跟安全有甚麼關係呢？須知此叉燒不同彼叉燒，而不同之處，亦非高調地用上坊間趨之若鶩的來路矜貴豬肉。當廚師把燒烤得紅亮，還穿在鋼籤上的原條叉燒捧進房間之時，侍應隨即把燈光調暗。廚師拿着一小鍋白酒，燃起火槍向酒裏直射。酒精搶火，燒出靛藍焰光，廚師把酒慢慢淋在叉燒上，肉面上油亮的蜜汁跟火焰相遇，迸發出直衝而上的火舌，幾乎燒到天花上去。那刻除了視覺效果顯著，烈火也令燒臘的烤肉香味頃刻放大，教人份外垂涎。要達至這戲劇性效果，明火是當中的關鍵。在廂房裏進行點火儀式，令餐廳在保障客人和員工的安全上，能有更徹底和全面的掌控。

燃起這熊熊火光的，就是端裝秀麗的「玫瑰露」。在香港，鍾愛叉燒的人多不勝數，當中絕大多數都欣賞它的調味和質地。調味方面，眾人着眼於蜜汁，舌頭為那鹹甜兩味平衡得天衣無縫的手藝而雀躍，卻未曾進一步辨識到它獨特幽香的由來。令叉燒獨樹一格的最重要幕後功臣，一定非玫瑰露莫屬。玫瑰露配肉，是廣東烹飪文化其中一種經典組合。除了叉燒，我們風行世界的鮮肉生曬臘腸，也是靠着玫瑰露的細緻香氣，造就出港式臘腸的獨特個性，在中國風肉臘味行頭中佔一席位。

沙田凱悅酒店「沙田18」中菜廳的「堂弄玫瑰露叉燒配豬油拌飯」

玫瑰露是中國「露酒」的一種。露酒是以帶香味的材料浸泡出來的白酒，玫瑰露顧名思義，是以玫瑰花泡製而成，底酒多選用高粱酒。香港有家叫「永利威」的老酒莊，出品的玫瑰露一向質優。沙田18這個「火焰叉燒」，點燃的正是永利威的玫瑰露。此物我家灶頭也常備一瓶，用來醃豬肉、煮豉油雞，或者做家庭式鹵水菜，只需少許就能達到點石成金的效果，委實是廣東家庭其中一種不可或缺的廚酒。

中式牛柳

外國旅客來香港，相信要對異國社會次文化有高敏感度，對香港百多年來的中西混搭文化有深入了解和體會，加上對傳統中國生活習慣有濃厚興趣及關注，才會懂得玩味香港那種根深蒂固，卻又若即若離的豉油西餐文化。於我而言，最接近豉油西餐的，就是被日本人改頭換面的「洋食」，諸如炸豬扒飯、奄列飯、漢堡肉飯，還有和風醬汁沙拉等。我們覺得那些食物又美味又親切，原因跟我們喜歡喝羅宋湯、吃瑞士汁雞翼飯、焗豬扒飯和煙鱠魚沙律大致相同。我們總是能夠從這些經典的混搭味道裏，弱弱的尋找得到香港的民間食物美學觀。

日本洋食，倚仗日本普及文化征服西方主流社會的強勢，連同他們千辛萬苦捧紅的明星食品如壽司拉麵等，「一籃子」的備受對近世歷史沒有切身感受的西洋新一代貼身追隨。我們的豉油西餐，在這方面真的是望塵莫及。有的，都只

◎ 香港
◎ 西洋醬汁
◎ 牛肉

是我們不害臊欠廉恥，自吹自擂硬銷給外國朋友。不就是極端少數的「香港迷」，才會知道如何繞過蛋撻、菠蘿包、雞蛋仔這些消費主義旅遊俗物，高瞻遠矚地去欣賞認真製作的港式周打魚湯和焗肉醬意粉。

另一邊廂，我們自己也有消費異國風情的習慣。做得不好，便只是不倫不類的胡亂搭配。做得好，就如「西檸煎軟雞」，又或者早陣子也曾風靡一時的新潮民間小菜「沙拉骨」，都能夠留存下來，變成港式粵菜其中一個小小分支的成功案例。這些加入所謂西方元素的平民混搭菜式，差不多全部傾向酸甜口味，帶有廣府人所謂「醒胃」或「開胃」的特性。

這分支裏，有一味我孩童時代很流行，今天已被遺忘的美味——「中式牛柳」。它的中西混搭意味不比上列任何一款來得淡，且更純粹直接。廣府菜用牛肉的不算多，港人從前更以偏概全的認為吃西餐等於「鋸扒（切牛扒）」。這道牛柳以「中式」冠名，實際上有點像日式炸豬扒飯一樣，是種如何把用刀叉吃的西餐，改裝成適合用筷子夾起來伴白米飯吃的菜。廣府菜着重口感細緻，只有牛柳（tenderloin/filet mignon）可以符合質地上的要求。

我不知道這菜的起源，但估計是參考了洋人吃牛柳時的經典醬汁。今天的食譜，有用上茄汁、喼汁，有些更用了OK汁，這些偏向平民風的英倫汁料，也許是殖民時代的印記。加入洋葱是西材中用的粵菜智慧，而這道簡單而隆重的中式牛柳，口味絕不遜於日式洋食。未能有彼方的普及性和認受性，是值得我們深思的問題。

粟米石斑

對不起，那股懷舊的癮頭真的無從阻遏。不知怎的，最近好想吃炸魚。小時候的我也不算不吃魚，只是當時對太多刺的如鯽魚和土鯪魚之類，還是敬而遠之。因此，有一道酥炸魚的菜，便順理成章地成為孩童時代的心頭愛。那就是在香港無人不知，但卻常被忽略的「粟米魚柳」。

這個在舊時代，由大排檔到大酒家都可以吃得到的菜，雖屬油炸食物，但就跟一般炸物有不同的命運，備受廣大家庭主婦所愛。可能因為仰仗吃魚比吃肉「有益」的迷思，加上此菜所用魚柳都是去骨處理的，所以就算因油炸而有肥膩且容易上火之嫌，但愛自圓其說的廣府人，假借「炸物只要有個芡汁，讓炸皮降溫減脆，便不會『熱氣』」之說，找到了理智與事實之間的一道缺口。所以，在一般家庭的日常飲食概念中，粟米魚柳也竟然可以算是營養豐富、老少咸宜的正氣菜式，真是奇哉怪也。

◎ 香港 ◎ 芡汁
◎ 油炸
◎ 魚柳

一直以來，中國人都好大喜功、愛巧立名目。明明只是一道廉價的下飯菜，許多食肆仍會把它寫成「粟米石斑」或「粟米斑塊」。連最平民化的午餐碟頭飯或飯盒，也常見「粟米石斑飯」的蹤影。茶餐廳與豉油西餐館也有賣它，似乎暗示了它本來就極可能是由西方食材所激發的粵菜靈感。至於是否石斑，是石斑的話又究竟是急凍還是鮮貨，從前的人都不太在意。反正對於廣府人來說，不拿來清蒸的就一定不是好魚。在這種心態下，粟米魚柳也好粟米石斑也好，都只是普通的家常下飯菜，主要用來哄小孩，和應付諸位對博大精深的中國菜只懂以「小孩口味」來欣賞的老外，所以沒有甚麼人會去認真對待它。只是今天社會狀況不同，有食店標榜用新鮮石斑魚柳，甚或用上更高級的龍躉來做這道菜，粟米汁也做得比以前真材實料，且還會分開另上，令整道菜由名份到實貌都升格不少。換成是舊時代，老饕見此肯定搖頭嘆息，說廚子暴殄天物，好端端的龍躉柳，怎可能拿去上漿油炸那樣浪費？

然而，浪費與否，在這個例子上是觀點與角度的問題。如果吃鮑魚帶子，把鮑魚肝和帶子裙邊切掉丟棄，我覺得就真的是浪費了。若果上乘的龍躉柳或石斑柳，用上精製的脆漿，下一鍋清澈乾淨的熱油中，以高超廚術炸至外酥內滑，再馬上澆上一個味道鮮甜、質地幼滑的黃金粟米濃汁，怎麼不會是一盆教人吃得滿心歡喜的好菜餚呢？而且它不但不會、亦更加不能比上好的蒸魚差，因為兩者根本是不同的吃法，各有千秋。

覺得炸海鮮是種低級錯誤吃法的頑固粵菜信徒，我想若是他們去東京吃高級天婦羅，被店內幾乎像宗教儀式一樣的烹煮及奉菜氣氛懾倒之時，也不敢說人家炸海鮮是暴殄天物吧。對我來說，做得好的粵式酥炸生蠔、咕嚕蝦球或粟米斑塊等等這類菜式，實際上如論烹飪的原理，跟上等天婦羅是異曲同工，不分高下的。若果硬是要說前者比不上後者，那我只能認定是自卑感和虛榮心在作祟，跟食這課題在本質上完全無關。我是義無反顧地愛吃粟米石斑的，若是認為我這樣很「不懂吃」，我也毋須多作辯解。人生苦短，總之吃得心安理得便是王道。

辨麵與拌麵

◎ 廣東
◎ 麵
◎ 芡汁

常聽人嘆息，看到親友的兒女不知不覺間長大成人，便知自己實屆年長，不得不認老了。我近年也開始有類似的體會，只不過並未曾覺得自己「老」。眼看着友人的小孩，眨眼間由襁褓中的嬰兒變成懂性的少年，想起來也倒抽一口涼氣，驚覺時光飛逝於指掌之間。但真正令我感到自己是「上一代人」，許多時卻是在飲食的話題之上。

有次我用外出吃飯後帶回家的剩菜，弄了個辦麵來做一人午餐，吃之前拍了張成品照，以「#剩菜生活」為題在社交網絡平台上分享，原意本為提議大家，把上館子吃不完的飯菜帶回家，可以成為第二天的一頓開心安樂茶飯。意外得着卻是引來不少身邊朋友，問我甚麼是「辦麵」，而問的大多是較我年輕的一代人。這才令我意識到，原來我從前見怪不怪的辦麵，如今已經變成少見多怪的舊東西了。

這個小小的生活衝擊，驅使我去嘗試找尋辦麵的由來。去問認識的廚師，當然都知道辦麵為何物。雖然做法有點眾說紛紜，歸納起來也大多是煮好的麵，上面掛一個微稠的芡汁。也有把麵放入鍋內，與芡汁及菜肉等同煮入味的，與炆麵有點像。但從在鍋子裏的時間計算，辦麵相較炆麵只是蜻蜓點水。

再上網去查看，立即就發現粵語及粵菜文化被邊緣的實證。首先，在尋找欄中輸入「辦麵」，找到的十居其九都是有關「拌麵」的條子。網上智能，都是少數服從多數的商業思維模式。這個地球上，用中文的人肯定以普通話作母語的為大多數。於是，機器遇到我查覽「辦麵」，便自作聰明認為我在找「拌麵」，因為普通話「辦」「拌」同音。再看下去，網路上好些人，拿了這個讀音上的方便聯想，不加思索的在討論何為辦麵之時，倚仗對廣府話發音的不自覺歧視，認為「辦麵」只是「拌麵」的錯寫，真是可怒也。

不過，當然還有可能是我錯，而且可能性不低。因為後來再三追查，發現已故飲食名家江獻珠女士曾經寫過一篇專欄文章，介紹一個辦麵食譜。當中，江老師說廣府人的辦麵，有可能是從前的人聽到北方或江南的「拌麵」，由音誤而得出粵語的「辦麵」。江老師的看法當然絕對有份量，但多疑的我又想，廣東飲食習慣中有「撈麵」一項。如果見外省有拌麵，理應立即想到撈麵的異曲同工。不過，辦麵的形態與撈麵明顯不一樣，而辦麵亦相對較像拌麵；加上廣府人不以麵作主食，被外省文化影響也是很自然的事罷。

豬頭粽

我常說，在吃這個課題上，法國人想到的，我們中國人大抵也會想到。以不浪費食物為原則，是從前的人普遍的生活態度，也是許多創新想法的催化因子。用上湊合而來的肉材和內臟部份，製作成美味的經典，是中法飲食文化，乃至其他具歷史的地方飲食習俗中不鮮見的現象。這種手法，法國有經典的 Pâté en Croûte（詳見後文），而在中國廣東的潮汕菜系中，則有一著名食品「豬頭粽」，是中式肉凍的優秀例子。

豬頭粽是澄海的特產，雖風行潮汕一帶，但依然以澄海出品為尊。這個食品的起源有個民間傳說；因為澄海人從前吃豬不吃頭，把豬頭整個的就這樣丟掉。於是豬頭的冤魂覺得自己是枉死了，心裏憤憤不平，就到地府閻王處告狀去。閻王仔細研究狀詞，也覺得實在是內有冤情，於是把案子上報天庭。玉帝聽到了，就下令澄海人在七七四十九日之內，想出一道用豬頭做成的絕頂好菜

◎ 潮汕
◎ 肉乾
◎ 肉凍

來作為懲罰。結果，懂吃又善廚的澄海老百姓，就創作了這個以七七四十九項繁複工序精製而成的曠世美味，把它命名為「豬頭粽」。

如此神怪的說法，當然只可以當作虛構的趣味小品來看待。但能擁有自己的一則神話故事，足以證明豬頭粽在潮汕菜中，是擁有一席之地的。更重要的是，雖然傳說是以棄食豬頭為主線，但實際上潮汕民間祭祀神明，卻有以它為祭品，似乎並不存在看扁豬頭的案情。豬頭粽是介乎肉凍與肉乾之間的一種小吃，做法不簡單，先要取豬頭皮及豬肉剁碎，加入多種香料如八角、茴香、肉桂、丁香等，以魚露及醬油調味，最重要的是加入白酒（一般用高粱

汕頭澄海「黃其合」的豬頭粽

酒）提香，跟廣府臘腸用上玫瑰露來定性香味特色的情況相若。所有材料須先以文武火煮好放涼，然後用布包好放入特製方木規內，上加重物把豬油和水份壓榨出來，最後變成好像血色花崗岩一樣的肉磚。肉磚經過以上工序，能存放得比較久，吃的時候以鋒利廚刀切薄片，早上伴潮州白粥，簡直是晨間極品。

早陣子，朋友送來一磚澄海其中一家老字號「黃其合」出品的豬頭粽。過去一個月來，我就這樣隔天便切幾片來吃。每次吃的時候，還是禁不住心裏讚嘆潮汕前輩們的飲食智慧和道行，創造了如此風味獨特，高尚但又踏實的一種經典小吃，為中國飲食文化爭光。

擔擔麵

◎ 香港　◎ 湯麵
◎ 四川　◎ 肉末
◎ 日本

不少年齡和我相若的香港人，對擔擔麵的第一印象，可能都來自當年鑽石山大磡村，石屋叢中的一點紅——「詠藜園」。那紅彤彤的湯頭，熱燙的麵條，伴着花生和花椒誘人的濃

香，是普羅大眾刻苦生活中廉美滋味之選，溫熱地安撫過一代人的味蕾與心靈。

以上亦是我的親身經歷。剛唸完大學出來工作，熱情滿載但薪水微薄。偶爾在新蒲崗一帶流連，便會跑到詠藜園，吃一碗擔擔麵、一份粉蒸排骨，又或者外賣一碗半碟，既划算又飽足。但其實，在詠藜園成為一代人的集體回憶前，這個充滿四川特色的香港美味，早已在東九龍孕育成長。

現已結業的香港其中一處川菜老字號，銅鑼灣時代廣場的「雲陽」，它還在的時候，某天，我曾和主廚陳啟德師傅聊天。談到擔擔麵，德哥立即娓娓道來他這方面的專業見聞。根據德哥解說，香港的川菜起源，是一批來自中國內地五湖四海的師傅，約上世紀五十年代，把中國各地烹飪技巧與文化帶來香港。香港的外省菜側重京川滬，也是這個原因所致。無論是片皮鴨、樟茶鴨、酸辣湯、涮羊肉，它們之所以在廣東菜為主的香港扎根，很大程度上因為有一群外省移民，才有這些思鄉味道的食品應運而生。外省師傅的絕活，理所當然地是他們的家鄉菜。來到香港這南方飲食的領域，英雄無用武之地，也就不理是川菜魯菜甚麼的，使出自己的看家本領，創造一個外省菜本地化的條件。這樣一來可慰解自己和同胞的鄉愁，二來可找到廚房工作，自力更生。川味擔擔麵就是這樣引入我城，而且因地域環境的不同，因而變化出港式獨特版本。

「雲陽」的擔擔麵，便是這種「移民擔擔麵」的反映。原本成都擔擔麵其中一樣重要材料「宜賓芽菜」，當年在香港是無法找到的。而且那年代的花椒，僅有在藥材舖賣的種類，只適合鹵水或藥用，跟四川當地帶麻香的川椒是兩碼事。於是，香港的川廚便用榨菜粒來代替宜賓芽菜；麻辣的原味也改為以辣為主，辣度亦遷就南方口味而作出調整。後來擔擔麵傳到日本，在當地開花結果，其實就是以這個港式版本為依據。

據陳啟德師傅所述，香港的擔擔麵，早在詠藜園賣得成行成市之前，便已經由來自四川的廚人，或是對飲食甚有研究的世家子弟移民，因對家鄉菜的感情和認識，把這道當地小吃移植過來香港。擔擔麵的名字，相信是最初由小販挑着擔子，在街頭叫賣而得名。想像從前有錢人家，在家搓麻將搓得餓了，聽到外面有叫賣的，點幾碗熱乎乎的麵過來，有紅味（辣）有白味（不辣）悉隨尊便。然而，這也未必是擔擔麵的真正起源，因為在中國文化中，紛紜的民間傳說俯拾皆是，甚麼都無從稽考無法翻查，實在是我們在文化承傳上做得差劣的鐵證，可惜為時已晚……

香港的情況也一樣，只有傳說沒有文獻：很久以前，有一家叫「蓉城」的食店，年代在家傳戶曉的「詠藜園」之前。蓉城是成都別稱，而擔擔麵正是成都的代表小吃之一。蓉城可能就是香港擔擔麵的始祖，後來在香港流傳的各種版本，相信都是源於蓉城的作法。如先前所述，五十年代運輸業遠不如今日發達，許多四川獨有食材，當時在香港是沒可能找到的。聰明的老川廚，便用了其他東西來代替，做出接近家鄉的味道。從沒吃過擔擔麵的廣東人，便把這種味道認定為他們心目中對擔擔麵的依據。

五湖四海的廚人，亦在香港形成了所謂「京川滬菜」的一個類型。不少香港的老派上海菜館都有賣擔擔麵，用的是上海白麵條，而且是有湯汁的版本，但因為沒有甚麼料頭，賣不了多少錢。於是便有店家放些肉末作澆頭（其實借了「炸醬麵」的形態），叫作「改良擔擔麵」；伴炸排骨一起上的便是「排骨擔擔麵」了。

擔擔麵已經是香港的風土麵，無人不知。很多高級的粵菜餐廳，也把其納入菜單中，百花齊放。隨便說一個例子——金鐘JW萬豪酒店的中菜廳「萬豪」，年輕主廚鄧家濠師傅，就依循上面說的那個香港「古法」，加上今天跨地域菜系的視野，以及尋根問底的態度，做出一碗味道貫通今古的摩登擔擔麵，效果好之餘，也隱見香港精神。

上文曾經提過，在香港成形的擔擔麵傳到日本，並發揚光大。在今天敏感症肆虐的香港，以下這一個招牌肯定要惹來話題——「支那麵」。不過既然店舖是開在日本，所以也着實毋須照顧非日本人的感受。無論這詞語是否帶有貶義，若用途上沒這含意，我就不覺得有問題。正如黑人可以自謔「nigger」，同性戀者自謔「死基佬」，都是受歧視者打破歧視的行動，站出來告訴大家他們不會因為這些稱呼而低頭。我們也許是時候收拾玻璃心，正視自己的弱點，了解為甚麼會被人看不起，看看這究竟只是別人的問題，還是我們也同樣有問題。

事情是這樣的。那天我在東京銀座，獨個兒昂首步入開業五十餘年的「支那麵はしご（橋悟）」本店。在悠揚的爵士樂中，於「橋悟」的全酒吧式座位上，吃了一碗日式「担々麵」。麵不能說是絕頂美味，更不能跟所謂的川味扯上關係。但日本人就是有特別的能力，把他們喜歡的東西移植過來，改良至適合日本的規格和習慣，有時候改得比原裝更要出色。他們除了把横濱中華街的變種上海麵，改造成席捲全球的「ラーメン（拉麵）」之外，其實對擔擔麵也情有獨鍾，很多年前已經開始引入研發，今日式「担々麵」成為一種獨立的湯麵類型。

在這個情況下，去談論正宗不正宗是費時失事。首先，我們中國人又有幾多人懂得甚麼是正宗的成都擔擔麵呢？懂不懂也其次，要命的是根本就沒有人關心這些事。中國人今天還不是一窩蜂去搶着吃日本拉麵，對自己的飲食文化，簡直是抱持看扁與背棄的態度。

日式「担々麵」，有可能取材自滬菜館的擔擔湯麵那種吃法，份量也比原本只是街頭小吃的成都版大，好迎合日本人把它當成完整一頓拉麵餐的概念。坊間流傳的作法五花八門，但一般都以麻醬、辣油、榨菜、醬油、葱白與醋等，注入熱雞湯在碗中撞成湯頭，再加白麵並澆上甜麵醬炒肉末（或日式叉燒之類）和燙青菜，最後灑上綠葱花便大功告成。「担々麵」用榨菜而非用宜賓芽菜，正是受到港版擔擔麵影響的證明。

以上這些材料，聽起來也知道好吃；這都是源自我們祖先的智慧和創意，只是我們自己不珍惜、沒守護。我吃着這碗端正的「担々麵」，依稀感覺到一點親切和慚愧。日本人習慣吃完麵條後，再放一碗白米飯入湯中，連湯帶飯全部吃光。我們吃麵，便沒有這種食量和不浪費湯頭的美德了。

葛仙米

外國朋友光臨敝邑，吃我們各省各地的中國菜，吃了這許多年，終於也開始願意對中菜文化有點擦邊式的主動理解，而不只是一味追求老套俗見的異國風情，非吃生炒骨檸檬雞不可。大西方主義當然絕對沒有因而動搖過絲毫；在旁人眼裏，中菜依然是不入流、不重要，甚至不文明的。做成如此局面，我們實在亦難辭其咎。然而，對唐人街以外的千多年庖廚智慧，今日似乎多了人表示興趣，甚至始見有人不知不覺間流露出輕微的尊重，全因世人終於開始從中國烹飪技術中，獲得不少廚藝上的啟發及靈感。

我們的飲食文化早熟而完整，在百代人之前，已經發展到以飲食規格來演繹抽象民族價值觀的層次。從春到冬、從早到晚，我們的祖先創建了完備的飲食節奏和項目，來應對自然環境的變化和限制，及至人在生理和心理上的不同需要。冷盤、熱盤、大菜、小菜、醃漬、麵食、穀糧、素菜、甜點、涼果、酒

◎ 廣東　◎ 蓮子
◎ 糖水
◎ 葛仙米

水、湯羹……都一應俱全、巨細無遺。

但在外國人、尤其歐美人士的印象中，總覺得中菜沒有甜品。曾經有位跟英國人談戀愛的朋友說，常跟男友爭辯中國菜有沒有甜品這題目。她的結論是，大部份外國人壓根兒沒有「清甜」這概念，對粵式飯後甜點無法理解。依我個人猜測，這是因為近代西方甜品的形相質料，大多由麵類與蛋奶類合成，偏重室溫或冷凍進食。除了凝膠類及米布甸類，少有溢出這框框。當遇上廣東的甜湯糖水時，便很容易因不明白和不理解而不能享受欣賞，甚至厭棄。

粵式糖水的美學概念，除了對香氣味道的追求，也有口感質地的玩味；甜度只是較次要的調味因素。把食材做成甜品，許多時是配合食材特性，多於只為了做一道甜味的菜式。這跟西方甜品在想法和目的上，都有些微差別。所以，吃糖水是欣賞食材為主，滿足甜慾為副。不久前到金鐘JW萬豪酒店「萬豪」中菜廳吃飯，大廚鄧家濠師傅做了個創意甜點「葛仙米蓮子露」，充份體現粵菜甜食的多變性。葛仙米是種淡水及陸地的藻菌類混合生物，是高級食材，曾經十分流行。傳說晉朝煉丹師，人稱「葛仙翁」的葛洪採集它以食用，又因藻體成粒狀，故此得名。葛仙米藻入口爽脆，大廚用蓮子磨露來烘托它，厚滑清香，和葛仙米相映成趣。這古今和合的新款糖水，展示了粵式甜湯的優雅細緻，而這種概念層面上的深度，我覺得足以推倒「中國菜沒甜品」之說。

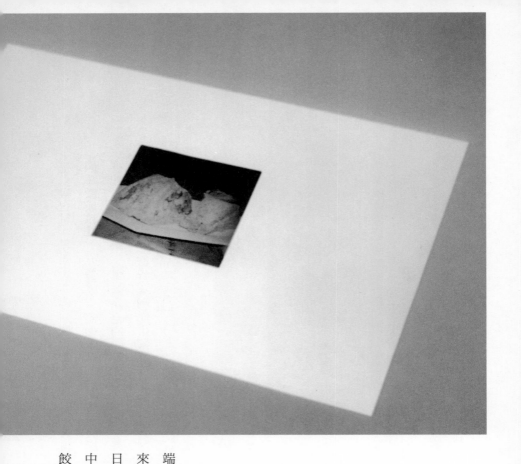

粽子

◎ 廣東　◎ 鹼水粽
◎ 端午
◎ 裹蒸

端午節快到了，標誌着可愛夏天正式來臨。我是個超級粽迷，粽是眾多節日食品中，我個人覺得最踏實的其中一樣。另一樣是北方人冬至吃的餃子，還有我媽媽家依江蘇傳統，在農曆年吃的肉絲湯年糕、炒年糕或者蛋餃、餛飩之類。以上這些的共通點，是全都可以當成主食，都是可以吃得飽的東西，而且在家裏可以自己做（水磨年糕比較不可以，但放湯或炒都是在自家廚房完成的步驟，而且風味如何也是各師各法）。廣東的蘿蔔糕也可當飯吃，但相比粽子或餃子，踏實程度始終差一點。

正如年糕月餅一樣，中國各地都有粽，款式與味道各異，但大致上都是以不同的樹葉包裹米/糯米而成，鹹甜葷素燕瘦環肥，可說是洋洋大觀。要吃遍大江南北各樣不同的粽，幾乎是不可能的事。就廣東省一處，粽的類別已經五花八門。而且，跟不少其他省份的習慣一樣，粵港地區的粽不一定只在端午節前後才吃，一年到晚其實都可以找到它的影蹤。

最常見的，相信是街坊粥店的鹹肉粽。只要你對傳統飲食有留心，就不難發現粥店有不同的種類規格。一類是只賣粥、油器、腸粉及炒麵的，在這些店你會吃到豬紅粥（豬血粥）、荔灣艇仔粥、皮蛋鹹瘦肉粥，和混了炸米粉碎的碎牛肉粥。當然，還有德高望重的「米王」——白粥（清粥）。伴隨這些粥品的，可以是店裏現炸油器：油炸鬼（油條）、牛脷酥、煎堆、鹹煎餅，這些全都是一碗靚粥的好朋友。

這類粥店除了油器部門，多數還有布拉腸粉師傅。薄如蟬翼的腸粉，無論是原味、葱花、蝦米，還是中間夾着不同餡料的（牛肉、鯇魚片、豬膶是熱選，但也不及捲着油條的「炸兩」受歡迎），都各有特色。還有一大盆的炒麵、炒米、炒河，都是普羅大眾準備一天辛勤工作的最佳體力燃料。這種粥店還常掛着一大束拳頭大小的粽子，用鹹水草（茳芏）綁在一起。這是簡單而經典的鹹肉粽，竹葉內只有米、綠豆邊和五香肥肉，不論蘸醬油或是灑白砂糖吃，都是養胃養心的安樂飯。

近代飲食新趨勢，把粽子由平民美食推上精品層次。每近端陽，有名的高級食府紛紛推陳出新，以升格餡料和嶄新烹飪智慧，創作出有趣的新品種。鮑參松露入餡，已不是新鮮事。今年見識了香港半島酒店「嘉麟樓」的「新品粽」——「金腿乾鮑裹蒸粽」，原隻南非乾鮑作餡當然有看頭，但最特別的，是棄用傳統以清水煮粽的方法，改以上湯焓熟，把味道提升到另一層次，確實高招。

雖說以原隻南非乾鮑作賣點，但觀乎它的外貌原型，切切實實的就是廣東省其中一款最廣為人知、廣為人愛的類別——裹蒸粽。裹蒸粽原名「裹蒸」，是肇慶最有名的傳統食品之一。肇慶裹蒸個頭大，而且與中國其他地區的粽子形狀不同。一般粽子都是三角形或長形，可能因為用了窄長的竹葉包成所致；裹蒸卻多數包成金字塔形，又或者枕頭狀或四角山包形。

肇慶裹蒸原本是用當地特產的冬葉來包，冬葉為粽身添香之餘，還有保鮮防腐的效用。冬葉的葉片不大，有人喜歡將裹蒸包得愈大愈好，會把幾張翠綠的鮮冬葉疊起，外面再加一塊大荷葉。在荷葉與冬葉之間，還有放上竹葉的做法。這些葉，作為包裹米餡的天然「煮食器具」，各具食療效果，同時在食味上加添層次，體現中國民間飲食智慧。

香港沒有冬葉，坊間的裹蒸粽都是以大塊乾荷葉包成，餡料也比肇慶傳統的只用糯米、綠豆邊和五香豬腩肉要繁複得多。鹹蛋黃、燒鴨、栗子、冬菇是經常出現的加料項目；華麗的做法，可以加點瑤柱，或者好像嘉麟樓的出品那樣，加入鮑汁和原隻乾鮑。這些進化版，當然跟傳統很不一樣，但亦可視之為把「裹蒸」這個聰明又完整的食品類型的潛能，發揮得淋漓盡致的新食法。

粽子本身非常多變，可以鹹食亦可作甜點。廣東甜粽之中，我從小就被奇妙的「鹼水粽」吸引。小時候，跟長輩們上茶樓，在甜食的點心盆或點心車上，經常看到鹼水粽的蹤影。而且不一定是端午節期間，一年四季它都會出現在甜食點心項目之中，與糖不甩、芝麻卷、麻蓉包、千層糕、薩其馬、蛋散等等，一起描畫出完整而多彩多姿的廣東甜點面貌。

鹼水粽材料極簡單，只有米、食用鹼水和竹葉，是初學包粽人士的必修科。米加入食用鹼水至微黃色，然後鬆散地包在竹葉內，綁好後放入沸水中煮熟便成。鹼水令米粒味道與質地改變，綿軟油糯的配上糖漿，是種別樹一幟的口味。吃得豐富點，可以加入豆沙或蓮蓉作餡料。中環「陸羽茶室」的「蓮子蓉香粽」，是現今還恆常有鹼水粽供應的茶居中，我自己最喜愛的一隻。它味道懷舊，質地不同凡響，蓮蓉餡料清香柔滑，是我去陸羽飲茶必吃的點心。

第二章

舌尖上尋中國

——在飲食習慣上，香港似乎是遠交近攻的。
對待來自海外的日本菜、歐美菜如珠如寶，正宗的
中國地方菜卻付之闕如，雖近在咫尺，但形同陌路。

- ◎ 福建
- ◎ 台灣
- ◎ 江蘇
- ◎ 浙江
- ◎ 上海
- ◎ 四川
- ◎ 天津

炒軟兜

不少對香港主流廣東菜以外各種外省菜式和菜系有興趣的朋友，可能都和我有同一困惑。困惑是，在連日本拉麵也細分到不同地源、湯頭、調味和吃法的香港，卻厚彼薄此得連半家像樣的山東菜或貴州菜餐廳都容不下。這箇中當然原因複雜：除了消費文化反智單一，也反映我們的生活其實多麼呆滯，多麼隨便而不隨心、隨俗而不隨性。

在這以「華人」為主要人口構成的城市，要找一家精品咖啡店或韓風趣致食店，比找一處不叫人失望的淮揚口味要容易許多。而所謂的淮揚菜，也變成一個面目模糊的「品牌」。走入大部份這類「品牌」掛帥的餐廳，打開菜牌，都是依樣畫葫蘆，大同小異的「標準名菜」，脫光地區特色和城邦風味，只求大多數慵懶腦殘吃得明白因而光顧，完全顯露出在香港經營飲食，那被動與無力的冷酷現實。

◎ 江蘇　◎ 韭黃
◎ 揚州
◎ 鱔絲

中國飲食文化，本是深度且細膩的。不同地區城市，在處理同一食材時，各有不同方法和風格。更甚的是，即使是同一道菜，因為地方習慣不一樣，彼此間亦有明顯差別。譬如說香港人做叉燒，就跟廣州的粵菜館有點不一樣。小時候，來自上海的外公，偶爾會在家裏炒鱔糊。這道菜，是組成我童年回憶的味道元素之一。長大後，在外面吃飯的機會無奈地增多了，好處是飲食見識也隨之增長；這時候，才懂得原來鱔糊有個遠房親戚，叫做「炒軟兜」。

這來自揚州的名菜，相信很少香港人知道吧。這也難怪，當今天連要找一道規矩的炒鱔糊也難如登天時，還不切實際的談甚麼炒軟兜？跟許多傳統的好東西一樣，也唯有在這裏紙上談菜，冀望留不住她的倩影，也記錄好她的面貌。炒軟兜，聽說名字是因為夾起鱔絲時軟垂的形態而來的，因此在食材的要求上，比炒鱔糊更嚴格。正宗的炒軟兜，要用身長約八釐米，幾個月大未經冷藏的鮮宰黃鱔背。調料有醬油、糖、胡椒粉、薑和蒜，但比鱔糊用的要溫和。蒜拍碎而非剁爛；韭黃切段放盤底，把炒好後熱騰騰的鱔絲倒上去，用鱔肉和醬汁的熱力，把韭黃燜熟。這樣韭黃才不會過火脫色，保留香氣質地。吃的時候拌勻，韭黃從盤底攪上來，便是正宗。能分辨鱔糊和軟兜，就好像懂得揚州和上海不可混為一談，是對兩城文化的尊重，也是對自己的尊重。

上海浦東文華東方酒店「雍頤庭」的「淮揚炒軟兜」

敲蝦

歷險其實有許多不同的方式。去亞馬遜森林亡命夜行，或者獨自徒步橫越戈壁沙漠，當然是非比尋常的大冒險；但相對地「取巧」的方案，也許只要思想上走出個人安全領域的局限，就已是一趟歷險旅程了。我曾經在一個訪問中，聊到飲食文化的地方特色。主持人問世界之大，哪些飲食方式影響較大，較為重要？我第一反應是：愈去得多不同地方，吃到不同的當地食品，愈發覺自己不懂的東西實在太多。這絕非敷衍客套，砌詞狡辯，而是千真萬確的切身體會。世界之大，委實是光靠埋首不足三吋的手機屏幕，只求速食網絡資訊的一代人所無法想像的。

早前我決定去一處我從沒去過，但又因為某些原因想去一趟的地方。那裏當然不像到北極看極光，或在沙漠跑馬拉松那麼型格新潮。但今天一個景點若沒有潮流標籤，實質上是比這些挑戰極限的目的地還要「難去」。難去是因為沒人

◎ 浙江　◎ 放湯
◎ 溫州
◎ 蝦

覺得要去、想起要去。我們的好奇心，其實早已不屬於我們自己，而是變成了媒體渲染甚麼，我們便盲目地投「奇」所「好」。我們都被調教成只懂追逐預想的結果，絲毫不再有冒險精神。「好奇殺死貓」，但早已殺不死人，因為大部份人在商業世界的運作下，已經變成一口螺絲；而做螺絲是不須有好奇心的。

說回我的「歷奇」，其實不過是去了港人覺得「超冷門」的溫州而已。去溫州，除了貪自己對她一無所知，和見識真正的溫州餛飩之外，還想去吃一樣特別的東西——敲蝦。溫州對於不少人來說，只知是個傳統上富有的城市，卻不懂其戰略上的獨特位置，令她有着自成一格的文化面貌。溫州位處浙江省，擁有自己的方言，對外人（甚至其他浙江地區的人）而

溫州香格里拉大酒店「香宮」的「七星丸三片敲蝦湯」

言難懂難學，更曾因此用作行軍密語。飲食方面，溫州的「甌菜」也是脫離浙菜系的獨立體，味道形色獨樹一幟。就好像這「敲蝦」，在中國其他地區甚少有雷同之物。做法是蝦身切雙飛再上粉，然後慢細地敲打。重複上粉敲打的程序，直到蝦肉平均打成麵皮一樣扁平，然後放清湯成菜。除了敲蝦，還有敲魚；魚肉敲得更大張，切成有如廣東沙河粉一樣的寬條，同樣可以放湯。不知情的，肯定無法想像是由魚肉做成的。溫州吃的趣味還有很多，而且不到當地無法品嚐得到。而這於我而言，便是遠行的最大目的與回報。

富貴乞兒雞

我有位住在美國的表妹，最近帶着未滿三歲的兒子，老遠從北卡羅萊納州回來度假。表妹自小品學兼優，在美國學成後留在彼邦工作。直到組織了家庭，從她的社交媒體中，看出她對廚藝頗有心得，許多中西菜式都弄得頭頭是道。這次她難得回來，當然要一起去吃點那邊少見的東西。

約了她母子倆跟幾位長輩親戚，到半島酒店「嘉麟樓」午餐。訂位時，我問餐廳有甚麼菜要預留，在道明來賓背景和組合後，餐廳建議片皮鴨或富貴雞。我拿這兩道菜問表妹，她說都很吸引，很難決定。我便提議富貴雞，因為對長輩來說比較容易吃，也沒有烤鴨油膩。表妹喜歡閱讀，說其實從沒吃過此菜，只在小時候讀《射鵰英雄傳》時曾嚮往過「叫化雞」，很期待品嚐它的味道。

在《射鵰》中令洪七公神魂顛倒的，是一味黃蓉巧弄的江南美食。這又名「乞

◎ 江蘇　◎ 烤
◎ 荷葉
◎ 釀雞

兒雞」的傳奇菜，做法其實是就地取材：原雞不褪毛，內臟留肚內，用塘泥糊在羽毛上，把一頭雞完全裹封好，就這樣放柴火上烤熟。可能因為它的傳奇性（原來的傳說是江蘇常熟一名乞丐得雞無炊具，因而構想出這煮法），加上小說的流行程度，令這名字不算堂皇的民間美味，一躍而成為與烤鴨齊名的經典大作。而且成菜後，焗得綿軟的雞身破泥而出，這戲劇性的亮相形式，也為此菜加添娛樂元素。

「乞兒雞」這名字始終不優雅，後來自然地出現了「富貴雞」，除了名字不同，在實際做法上也有異。首先雞會褪毛去內臟，肚內釀配料令味道更豐富；然後先用荷葉重重包裹，才泥封入爐。不同地方不同廚師，做富貴雞會有自己的心得。以嘉麟樓為例，選用三黃雞配合紅棗、雲耳、冬菇、洋葱和肉絲等餡料，以最簡單的醃料包括蠔油、鹽、胡椒和料酒調味，放入烤箱中以兩度不同火力，待上八個小時而成。

我個人最感恩的是，在大部份富貴雞改用麵糰作外層的今日，總廚梁燊龍師傅卻依舊選擇以傳統的塘泥包封雞身，還在泥中混入紹興酒添香。師傅說，塘泥有較佳的保溫效果，而且密封度高，令雞肉受熱情況更理想，所有食材皆得以盡量發揮。做出來的製成品，味道層次上的深入複雜性，是麵糰所不容易做到的。富貴雞本來只是一個乞丐想出來的意外美味，最後卻征服了歷代無數富貴人的味蕾，這也可看成為一種待人處世本應不分貴賤、不問出處的道德啟示。

煎餅果子

我自小以為自己是天津人。在香港出生的我，上世紀七十年代開始上學，那時候幼稚園和小學的學生手冊，都需要註明籍貫。同學們絕大部份是廣東人士，籍貫的一欄省份都寫着廣東。然後有許多我聽得熟悉，但又不知是何方神聖的地名緊隨在後，如廣州、東莞、佛山、南海、中山、順德、番禺、潮州等等。只有我，在省份的一欄寫上河北，後面跟隨着的是天津市。

對中國地理有所認識的，都知道天津是四大直轄市之一，跟北京、上海和重慶一樣，不屬任何省份。天津確是位於河北省內，但把籍貫寫成河北天津，是切實的政治不正確。我父母早有向我解釋過，只因入學表格上硬有省份一欄，不填沒法完成登記，才有這個明知故犯。

然而，最近跟老父閒談，才赫然發現原來連天津也是個誤會。老父說，爺爺的

◎ 天津　◎ 薄脆
◎ 小吃
◎ 麵皮

父親好像在河北保定有過一官半職，但真正的故鄉卻是更偏北更遙遠的旱溝。這事令我有若失去了一段跟祖先們的固有聯繫，也對自己的身份出處重新感到困惑。

可能我與食比較有緣，孩童時跟同輩交往，常會談到各自的家鄉食品。朋友見我自認天津人，便問我家裏會不會吃天津菜，就好像餃子之類。我通常只能說沒甚麼特別，因為爺爺已經是在廣州長大的一代人，我的飲食習慣跟大家是大同小異。反而我母親那邊的江蘇背景，在家常便飯的款式上影響力更大。

直到大學時第一趟去北京，那年代樸實的京城四處可見傳統小吃，吃得最多的是那種在自行車上裝上玻璃櫃，泊在路邊叫賣的天津煎餅。這東西當時在香港絕對找不到，而我也糊

在香港可以找到煎餅果子，但原來在加拿大溫哥華更容易，在超市的熟食部便有這個即點即做的。

裏糊塗的看到天津二字便心感親切，認定自己終於找到了一樣家鄉食品。

天津煎餅又叫「煎餅果子」，由山東煎餅改良而成，是非常受歡迎的街頭小吃。煎餅的餡料傳統上有雞蛋、葱花、芫茜、榨菜、甜麵醬、辣豆瓣醬，最重要的是「果子（或餜子）」——一片油炸的薄脆。果子之所以是靈魂，是因為煎餅好吃與否，跟果子的質量關係最大。另一特色是餡料不單包在裏面，也充滿煎餅的外層。做法通常是倒粉漿到圓形煎盤，成形後在上面打一隻雞蛋，雞蛋給均勻推開再撒葱花芫茜，然後反過來煎香，變成外皮的一面，內層塗甜麵醬辣醬，再灑葱花和榨菜粒，最後放上果子包起來便成。幾年前，煎餅果子在香港曾經輕微流行過，但始終沒成大器，想是南北口味的差異所致。

意麵與伊麵

一方水土只有一方人最懂，中間細節是不足為外人道的。譬如法式麵包，雖算名揚四海，在世界各地都有非常認真正式的法式烘焙店，不少傳統法包如長棍及牛角包等，早已成為世人日常飲食中不可或缺的主食。然而，假若能在法國居住生活，你會發現很多離開了發源地便看不見吃不到的特色包餅，也會因此對法式烘焙文化有更進一步的體會與欣賞。

有些食品風行五湖四海，名氣響亮，且不論起源在何處，當它漂洋過海，到達異地開枝散葉時，名稱有時候也會隨之改變。二〇一七年第二趟去臺南——其實只算是第一趟，因為之前一次是上世紀七十年代，當時我仍是小學生，對那次的經歷印象模糊。臺南是臺灣本土文化重鎮，飲食面貌也是最獨特和最原汁原味的。當中各種小吃，便充份表現原臺灣口味的真誠細膩，以及跟周邊地區的悠長關係。

◎ 臺灣　◎ 湯麵
◎ 臺南
◎ 仿日式

走在臺南街上，看到跟吃有關的事物多不勝數；更有不少陌生的東西和名字湧現眼前。其中一樣叫「意麵」的，寫在不少小店和攤檔的當眼處。無知的我，本能地以港式自大又反智落後的思維去臆測，以為一定是有若在港式茶餐廳吃通粉意粉一樣，就是意大利麵無疑，蠢得連臺灣把 Italy 譯作「義大利」、pasta 統稱「義大利麵」也忘得一乾二淨。幸好還有一點清醒，問了一下那次下榻的臺南香格里拉大酒店的公關同事，甚麼是意麵。公關大姐桃麗絲是當地典型老饕，立即向我仔細解釋。聽着聽着，我忽然想到，「那不就是伊麵嘛！」謎團馬上解開了。

謎團破解，下一步當然要順便解饞。找到一家在水仙宮市場內，隱沒於幽暗魚檔中的小麵檔。老闆娘專門做「鍋燒意麵」，人很熱情，邊做邊解答我許多幼稚的問題。所謂吃到老學到老，就來把學到的與大家分享：「意麵」跟廣東的伊麵一樣，是油炸過的蛋麵。此舉除了方便保存，也令麵條質地改變，口感與吃法亦不同。菜單上還有其他不懂的類型：「大麵」原來是烏龍麵（香港稱烏冬）；「雞絲麵」最有趣，是炸過的麵線，即是沒蛋但有鹽的幼身麵條，成品其實是完全沒有雞的成份的。至於「米粉」和「冬粉」，我想大家都知道是啥。

臺南深受日治時期的東洋文化影響。這種鍋燒意麵的配料及湯頭，明顯是日本菜的風味，卻也不乏自家特色。鍋中配料有地道炸海鮮，適合蘸店家提供的臺南口味薑蓉甜醋。意麵的麵身沒伊麵那麼軟，留有蛋麵的嚼勁。它雖然可能沒伊麵細緻，但卻別樹一幟。我覺得它比伊麵粗獷豪邁，是另一種中國民間麵食之光，愛麵之人值得一嚐。

煨麵

麵，有千千萬萬種，我們窮一生之食力，都沒可能嚐盡各式各樣。如此簡單謙卑的食物，許多人都從沒給它應有的注視。這不是因為它不偉大、不夠份量，而是因為人的隋性與無知。既得的利益好處，一旦日子久了，就變成理所當然。試想想，如果我們忽然再無電力可用，那將會是何等的巨變。但身在福中的你我他，絕少會有這種意識，而自發善用、珍惜電力資源。

要對麵條這偉大發明表示尊敬，最好當然是去理解它、學習它。不同的民族文化，以不同手段烹煮麵條，我們從中可領略到由麵條看世界的趣味，還可觀摩不同背景的人的飲食美學，令吃東西除了填肚解饞，還有更深層次的意思。譬如麵的大小寬細，不同地方不同人有不同喜好。吃臺灣牛肉麵，常見的都是寬麵；但在香港吃「細蓉」，必然是銀絲幼麵，吃粗麵便有點不協調了。

◎ 江蘇　◎ 雞肉
◎ 湯麵
◎ 糊

廣州人用「粗幼」表達「寬細」。有一味上海都沒有的港式滬菜「上海粗炒」，用肉絲、冬菇絲、椰菜加老抽炒粗條白麵，是香港京川滬菜館的經典。幾乎同樣的材料變成湯麵的吃法，便是「上海湯麵」。小時候上滬菜館子，大人都不會點這些。最常點給我吃的是「雞火麵」——雞湯中放陽春細麵，澆頭是雞片和火腿片，綴以青豆仁，小時的我吃得津津有味。

大人們會點排骨擔擔麵，又或者「嫩雞煨麵」。煨麵腍軟稠滑，本來最適合童叟口味，但我小時候反而不太懂欣賞。長大後，漸漸明白煨麵的神髓，卻可恨一碗做得對味的煨麵已經難以尋獲。我的許多廣府朋友，吃慣「彈牙」的鹼水蛋麵，對一般蘇式湯麵的白細麵都投訴說沒嚼勁，煨麵更覺是煮糊了的爛麵，不

那次回溫哥華探老父，忽然很想弄個「嫩雞煨面」，便馬上買材料去煮。成品也算可以，老父也吃得開心。

能接受。但其實煨麵的樂趣，正正是高湯和麵條水乳交融，湯裏含麵糊、麵中帶湯鮮，古老吃法還會把麵剪上幾刀，一碗下來用匙羹舀着吃才過癮。

煨麵的食譜，相信江南人家各師各法，沒有真正標準。不過重點肯定是以高湯直接煮麵，而且煮的時間較長，火力文武雙全，令麵條在湯中軟化膨脹，澱粉都跑到湯裏去，然後才可以連湯羹帶麵條一吃而盡。煨麵的款式有很多，最經典的可數「葱開煨麵」。「葱開」指青葱及開洋（蘇浙人士叫蝦乾做開洋），是經典材料組合。不過這款在香港屬「另類」，常見的還是青菜煨麵和嫩雞煨麵，而且為了遷就香港人，對我來說麵總是煮得不夠腍爛。要吃爛麵的話，就唯有自己動手在家裏做了。

開水白菜

我漸入中老年，說話寫字開始會「長氣」，不斷重複講過的東西，希望大家多多包涵，我又要來老調重彈了。常聞坊間有說，法國菜有的，中國菜大概都有異曲同工的東西；倒過來說亦然。這也當然不是個必然定律，因為它實在只是抒情的描述多於科學化的分析。但空穴來風，在現實環境中，找到法國菜和中國菜的失散近親，的確是平常事。譬如說，清湯的製作，便是其一。

川菜中，有一味「開水白菜」，香港人大都應該聞所未聞。我也是香港人，同有孤陋寡聞的特質，所以第一次邂逅這神菜，其實也不過是幾年前的事。這道菜，出現在已經結業的銅鑼灣「雲陽」川菜館食桌之上，是在一次罕見四川名菜的宴會裏，其中一道有名堂有典故的重點佳餚。當時雲陽的主廚，人稱德哥的陳啟德師傅，是我們香港本地川菜之寶。他經驗豐富、見識廣博，對呈現川菜乃至中國其他地方菜原本應有的格局和威儀，有非常堅定的熱誠。這是我個

◎ 四川
◎ 清湯
◎ 白菜

人對德哥恭敬有加的原因。

那次菜單背後的苦心，是德哥有感於今日大家眼中的川菜，只是一味瘋麻狂辣，直把江湖菜當是川菜辦。川菜其實豈只得麻辣？就算是說辣，也有許多不同變化，如酸辣、煳辣、香辣、紅油、泡椒等等，絕不是只得一味麻辣。而辣味更只是川菜龐大的味道圖譜的其中一環，不辣的川菜其實更見精彩、精深與精妙。「開水白菜」便是其中一例。

由清宮名菜一路走到國宴佳餚，這道名字平凡的菜餚過關斬將，躋身中華飲食文化菁英之列，除了因為它在歷史上的不尋常遭遇之外，也絕對是憑本身超凡的特點突圍而出。網上流傳，開水白菜原為川菜名廚黃敬臨，在清宮御膳房工作時想出來的點子。又說令它在新中國聲名大噪的原因，是周恩來當總理時，有次宴請日本來賓，當開水白菜端上來時，客人看它只不過一瓢清水，淒淒地浸着一棵白菜莖的模樣，望似無味，因此不願起筷。在周總理的慫恿下，大家才勉強嚐了一口，怎料菜入口中便驚為天人，客人連聲追問清水加素菜怎可能如此美味異常。這個菜也因此而揚名立萬。

上面的故事無論是真是假，都是這道名菜有趣又有味的文化註腳。做這道菜最重要的，是那用老母雞和豬骨吊出來冰清玉潔的上湯。肉在湯裏經長時間熬出味來以後，無論火候控制得多好，湯也不可能清澈如水。必須以剁爛雞胸肉做成肉糜，用紗布包起來放入上湯中旺火加熱。湯燒開後，當中的混濁雜質，便會依附在肉糜之上。如此反覆除垢，再經細布過濾，才能獲得透明如開水但味道鮮美濃郁的頂上清湯了。這技巧，正正跟法國菜做「consommé」的方法不謀而合（有關這法式清湯，會於另一章再談）。

開水白菜除了對「開水」（清上湯）要求嚴格，另一重點當然是「白菜」。白菜莖先經過小心剪裁，只留最豐滿的小段，菜葉許多時都不會用。然後經過幾輪繁細的烹調過程，包括用另一鍋上湯慢慢淋煮，令菜莖靠着湯的熱力徐徐地變得軟熟，同時亦把湯中鮮味迫入菜身之中。還有一個比較特別的技巧，廚師會用細針在菜莖上整齊地刺上一行行的小洞，目的當然是令上湯的味道更能跑進菜莖裏面去。而我自己還覺得，這些洞同時亦有助白菜的質地保持飽滿而柔軟，令口感更細致。這種種微小的考量和處理，展現出前人在追求飲食品味的層次上，是如何的成熟與高超，亦透露出中國菜的博大與神奇。

很慶幸自己有機會在雲陽吃過這道菜，更慶幸有好像陳啟德師傅這樣的廚人，願意花時間功夫，把川菜的真正精品帶給香港人。如今雲陽已經因租約期滿而結束，德哥在養尊處優一段時間後，最近捲土重來，開設了全新概念的精品川菜館「川流」。行文之時還未有機會拜訪，期待德哥為香港的川菜舞台再次擔當領導性的角色，多介紹好像開水白菜這樣的好菜給香港人，便是我等的最大福氣。

甜燒白與鹹燒白

◎ 四川
◎ 反扣菜
◎ 五花肉

首先要為川菜申冤。因為近代江湖菜風行；因為人變得愈來愈盲目，愈來愈欠存在感；因為沒有存在感而追求重口味；甚至還因為重口味最容易討好，同時容易做假騙錢——以

上種種，令川菜無辜成為最廣為人誤解的紅菜系，被搞成只是一大堆紅彤彤、血淋淋，吃一口舌頭便麻得失去知覺的毒品食物。原本它匯聚各省各地飲食文化，收納五湖四海不同技巧風格，所融合出來的千錘百煉，如今慘被淡忘閒置，到達幾乎要失傳的絕境。

以上不純粹是我個人的主觀判斷，不少川廚談起此事都有同感。就最近，在朋友家吃了兩趟上門私廚平台「mobichef」旗下的川廚雪蓮的手藝，吃完後跟她和她丈夫談到有關今日的川菜，他們倆都有感外面主流的江湖菜，實際上是簡單化和矮化了傳統川菜的多元性。其實，許多人都沒有意識到，以單一麻辣口味為主的江湖菜，只屬於川菜其中一個很小的範圍。它其實有點像是「公路簡便美食」，是浪人們在路途上所遇到的粗菜總彙。這些菜的特點是香料及辛辣放得很重，油也用得很多，以確保在最基本的煮食環境下，即使用上品質不甚理想的食材，也能做出討人喜歡的口味。

江湖菜本身當然沒有問題。只是當它成了新一代中國紅菜系，大江南北都紛紛出現所謂「川味」食店，良莠不齊的情況自然發生。尤其這種油多味重的煮法，是十分容易造假出術的。結果，川菜漸往非正軌的途徑普及開去，做成了大眾對它的誤解愈深。真正工夫仔細技藝超群的傳統川菜，漸漸被邊沿化。沒有懂得珍惜欣賞的客人，是古典川菜步向失傳的主要原因。

川菜多辣，但絕非只有辣味；就算辣也有許多不同的味型組合，配合不同食材不同煮法，千變萬化豐盛繁麗。那天兩位川菜廚人，便為我們帶來了許多味感層次上高低起伏、錯落有致的精彩大小菜。其中有一味，菜單上寫着「四川梅菜扣肉」，我當下就想，此名字必定事有蹊蹺。上菜時，廚娘的香港人丈夫負責介紹，直言此菜叫作梅菜扣肉，只是一種方便。其實它就是大名鼎鼎的「鹹燒白」，只是如果用本名，好奇絕對殺不死的香港人，便會反智地難以明解乃至不懂品嚐這名菜。對我而言，這道菜除了驟眼看似梅菜扣肉之外，無論味道還是概念都大不相同。唯一相同之處，只是兩者都是以五花肉為主料的一道反扣菜。而我也相信，去問香港人的話，十居其九也不知道梅菜扣肉的「扣」，其實是種烹調方法。

東江菜的梅菜扣肉與川菜的鹹燒白，可以說是中國「反扣」煮食方式的代表作。其他有名的還有滬菜的「八寶飯」、淮揚菜的「扣三絲」「千丁糯米肉」等等。西方烹飪技巧中也有同一招數：英國不少燉布丁（如 sticky toffee pudding、treacle sponge pudding 或 Christmas pudding 等），甚至法國著名甜品「焦糖布丁（crème caramel）」和 tarte tatin（有時會用英語寫成 upsidedown apple tart，反轉的蘋果撻），都是用了反扣的方式來製作的。

那究竟甚麼是「反扣」？其實那是個簡單又聰明的煮食方式。先拿一隻深碗（或其他有一定深度的器皿），把材料先準備好。拿梅菜扣肉來做例，五花肉要先汆燙斷生，然後泡水、拔毛、改形、上糖色或醬色、油炸、切片，最後才能和甜梅菜一起放入深碗中。放的時候也不能隨便，把最後上菜時想給人看到的豬皮那面貼着碗底，每一片五花肉都如此整齊的皮向底排好，才把切成粗粒的甜梅菜鋪面，鋪至平碗口。然後把碗密封（今天多會用耐熱保鮮膜），隔水蒸燉一到兩個小時，讓梅菜和五花肉緩慢並充份受熱，變得酥爛和釋出美味的汁液。上菜時把深碗拿出，去掉封膜，找一隻直徑起碼比碗口大一兩號的深盤或深碟，反過來蓋在碗口上，然後用最快速和最乾淨利落的身手，把碗和碟一起翻轉，變成碗底朝天。最後慢慢把碗掀起，一道豬皮向上、梅菜墊底、排列整齊、汁液豐富的梅菜扣肉，便終於亮相於賓客面前了。

梅菜扣肉如此製作，其他種類的扣肉做法亦大同小異。「荔芋扣肉」是五花腩片和芋頭件梅花間竹的另一經典菜，豬肉的處理跟上面講的差不多，只是有些廚人會先把芋頭件輕微炸過，好能在長久的蒸燉過程中保持形狀，不會中途融掉而變得黏糊糊，影響外觀之餘還搞砸了味道口感。小時候還有聽說過一款中山特色的「沙溪扣肉」，用上當地有名的粉葛，可惜至今還沒有機會品嚐過。

在中國菜的不同菜系中，這個扣肉的主題傳遍四海，有許多不同的做法，出來的效果也各不相同各自精彩。上海會用梅乾菜來做，而它跟廣東的甜梅菜，就已經是兩種完全不一樣的吃法了。鹹燒白雖然外貌的確跟梅菜扣肉十分類似，但味道卻是南轅北轍。鹹燒白用的菜乾，是以鹹鮮味為主的，而且經過細心控制的發酵過程，風味非常獨特而且鮮明。加上菜乾混合辣椒，鹹辣醇厚的味道，令五花肉變得更香濃刺激，是個用來下飯下酒的上菜。

跟鹹燒白相映成趣的，就是相信更不為香港人認識的「甜燒白」。我自己估計的非正式原因是，就算有香港的四川餐館懂得怎樣做這道菜，也不敢貿貿然把它加入菜單中。香港人在資訊極致自由地流動的優勢下，不知何來習染一身保守弱智。試想想，一道用豬五花肉配糯米和豆沙做的甜菜，怎不叫大部份港人先嘩然後嫌棄呢？香港人對甜品的概念，只懂亦只能停留在幼兒級的七彩花餅之類。連放兩粒海鹽在巧克力上也大驚小怪，又豈能指望大家具備足夠的學養，對如此有深度的老饕甜食抱持最低限度的尊重與欣賞呢？

甜燒白又叫「夾燒肉」或「夾沙（砂）肉」，是四川名菜。它的作法，說起來其實並不複雜。五花肉先要經過最基本的川燙、改形、拔毛等步驟，然後豬皮那面朝上，往下切成平均而平衡的厚件，兩刀一斷，做成一份又一份大小厚薄相若的夾層肉。在每片夾層肉中間的切口處釀入豆沙，然後整齊排列在一起，豬皮朝下的倒放入大口碗內，此擺法稱為「一封書」，上面再鋪滿混合炒過四川紅糖的白糯米。最後把大口碗封好，放入鍋中蒸約兩個小時，使糯米和紅糖蒸得濕軟，糖汁在過程中慢慢往下滴漏，滲入被熱氣焗至酥爛綿滑的豆沙餡五花肉夾。蒸好後翻扣在盤子上，掀起大口碗，豬皮向天糯米墊底，皮色殷紅甜香四溢的夾沙肉便完成了。吃的時候撒上白砂糖，軟糯的肉夾和甜飯，配上爽脆的糖粒，吃起來齒間沙沙作響，這才算是過癮。

甜燒白和鹹燒白，分別是巴蜀地方傳統「壩壩宴」上不可或缺的兩道菜。壩壩宴有若我們新界圍村的九大簋，是鄉間喜慶場合的筵席標準。壩壩宴上吃的「九斗碗」，是九道不同的蒸煮菜，內容雞鴨牛豬魚鱉兼有，而當中的最大共通點，是全都以蒸扣的方法來製成。所謂「三蒸九扣」，即以九個扣碗，三種蒸法（有說是清蒸、粉蒸、乾蒸）來組成一桌筵席。以蒸扣為主，是因為壩壩宴客人眾多，要確保流水席上菜的速度和菜餚的質量，以蒸為主就能掌控得宜了。中國菜可以說是個蒸煮花款特別多的飲食系統，各種不同地方的特色扣肉，亦正正是反映這個現象的代表菜式之一，實在值得我們珍惜與細味。

目魚煮紅燒肉

小時候，其中一樣最期待外婆做的菜，就是紅燒肉。我不懂講上海話，但記得外公對這個菜有另外一個上海話叫法。我的一些上海人同學朋友，說這個是「㸆肉」，但無法證實是否如此寫、如此唸。反正我媽媽和外婆叫它紅燒肉，我便也跟着叫了這許多年。

出來做事以後，自己上館子點菜的機會多了，總愛點些不常見的來給自己開眼界。紅燒肉家裏有得吃，於是便在外面點目魚紅燒肉。江浙菜講的「目魚」，應該就是廣東人的墨魚、臺灣人的烏賊，這個把海鮮和肉一起烹煮的法門，也是中國菜其中一個特色。你看今天我們的飲食達人們琅琅上口的新潮日本詞語「umami」，說穿了不過就是中文的一個「鮮」字。把魚和羊放在一起而得成美味，是中國傳統飲食智慧的體現；把海產和肉類撮合成侶，相得益彰，雙喜臨門。滬式麵食中就有個「魚肉雙喜麵」，澆頭有燜肉和熏魚，概念也是一樣。

◎ 上海　◎ 紅燒
◎ 鰳魚
◎ 目魚

說回目魚紅燒肉，其實還有另一個名菜，叫「目魚大㸆」，或寫成「目魚大烤」。這個菜我吃過只有目魚的版本，也吃過有魚有肉，跟目魚紅燒肉沒兩樣的。無論哪一款，都是濃油赤醬的極致表現，目魚給㸆得脍而不爛，醬色赤亮，真箇是「目」不暇給。有豬肉一起㸆的版本，除了外表要有同等赤亮的感覺，以及目魚和五花肉都脍而不爛之外，更重要的是在慢慢燜燒的過程中，讓彼此的味道互相交通混和，最後肉有目魚的濃香，目魚也有豬的油潤，兩者真正在味道上結合，把中國烹飪的悠久鮮味概念極致發揮。

不久前在銅鑼灣一家新開業叫「十里洋場」的精美食肆吃飯，點了一道「目魚鮝紅燒肉」。所謂「鮝」，在江浙菜中泛指魚乾或臘魚。「鮝」字在形態上，就是魚被剖開晾曬、臘製的模樣。鮝的文化，在江浙一帶由來已久，袁枚《隨園食單》中，也有「台鮝」條目，寫那時代以浙江台州松門出品的為佳。浙江省的海岸線迂迴曲折，海灣特多，成就豐富的海產收穫。而把其製成鮝以便保存，也是自然事。十里洋場的這道菜，用了目魚鮝，即類似烏賊乾，滋味遠比鮮目魚來得深且遠，紅燒肉也因此做得風味突出，跟平常香港吃到的目魚紅燒肉，也實在是有所不同的。

松鼠鱖魚

這是個有關黃魚和鱖魚的小故事。我童年時代的香港，在家吃飯是平常而且經常的事。媽媽雖然日間要上班，但晚飯她還總是親力親為。有時實在太趕忙，她也會做些相對地便捷的菜，例如蒸水蛋、炒菜芯，加一盆煎午餐肉，這也是她身兼兩職時，在沒有甚麼菲傭印傭的年代，盡了作為主婦的責任。而我其實也不知有多喜歡這個餸菜組合，下飯一流，一個人可以吃上兩三碗！當然，時間比較充裕的日子，媽媽還是會做些不同的菜，例如煮一尾魚。

魚我自小就愛吃。還記得，蒸的我最愛鰨沙，煎的就喜歡紅衫。偶爾飯桌上也會出現黃花魚，這種魚最可愛，因為怎樣煮都細致好吃。從前的黃花魚，魚肉用筷子輕鬆一夾，會自動分成一瓣一瓣，好像百合似的，也不多刺，吃起來特別容易。爸爸教我說，這就是所謂的「蒜子肉」，是黃魚的天賦特色。

◎ 江蘇　◎ 黃魚
◎ 糖醋　◎ 桂花魚
◎ 油炸

從前在家天天吃家常菜，有機會上酒樓，當然要吃些家裏很難做得到的菜。這跟今天的香港人，回家沒飯吃，上館子反而渴望吃家常便飯很不一樣。在家吃黃魚，都是蒸、煮、煎，沒有其他花式。出外吃，便要吃港式京川滬菜代表「松鼠黃魚」，這道名正言順地由黃花魚領銜主演的大菜。只是今天，這道經典菜已經沒那麼容易吃得到了。幾十年前，黃花魚絕對沒有今天的稀罕，從普通街市魚販處買回來，價格是一般家庭都可以負擔的。當然，用來做松鼠黃魚，斤両比家常便飯用的要重得多，但也不是今天那個動輒數千元一尾，而且是有錢也拿不到貨，還得靠人事、講關係的瘋狂狀態。野生的大黃花魚，現在我想不是瀕危也是被濫捕得芳蹤杳杳。偶爾幸運得來一尾半尾，也沒理由去把牠做成油炸的松鼠魚那樣浪費。

今天上館子吃這道菜，只會找到「松鼠桂魚」。從小只懂「松鼠黃魚」的我，以為用桂魚是次一等級。記得桂花魚這東西，是我長大成人後，香港人才開始流行起來的「新品種」，所以我對牠的印象，總是帶點無理的鄙視，覺得是因為黃花被濫捕絕種，才推出桂花來移形換影、移花接木。尤其是松鼠魚，我曾經固執地認為只能用黃魚來做，其他都是贗品，不正宗。但其實，我完全是錯的。

首先，被港式京川滬菜影響，我一直以為松鼠魚是京菜，便是第一大錯。跟不少名菜的出處相近，松鼠魚傳說亦是乾隆下江南的紀念副產品，原本是一道傳統的姑蘇菜。十年前第一次去蘇州，發現到處都是松鼠魚的蹤影，才恍然大悟。蘇州是江河湖泊之地，當然重點吃河鮮。松鼠魚在乾隆出遊的野史中，傳說是用鯉魚做的。而真正在餐桌上常見的成品，卻是用鱖魚居多。自古以來，鱖魚都是河鮮的貴族，不少文人雅士都留有歌頌牠質優味美的佳句。所謂「桃花流水鱖魚肥」，我們的祖先們早已明白牠的好處。那究竟甚麼是鱖魚？其實，就是我一直以來狗眼看魚低的桂花魚了。

魚香

我一定不是第一個在香港寫飲食的去談甚麼是「魚香」，提出港式與傳統四川魚香的味型差別在哪。只是我發現無論寫過多少次，頑固的香港腦袋都好像視而不見、聽而不聞。我當然未敢妄想憑我的人微言輕，可以動搖這個局面。寫出來，也正好當作是溫故知新，充實一下自己對中國飲食文化的冷知識。在香港的酒樓和茶餐廳，「魚香茄子」是個非常普遍，亦非常受歡迎的菜式。港式做法，主要用類似滬式豆瓣醬或蒜蓉辣椒醬和陳醋作基礎底味，再加入粵式鹹魚粒或鹹魚碎，來做出香港人心目中的「魚香」效果。做得好的港式魚香茄子，是一道色香味美的下飯菜，這個是毫無疑問的事實。我也絕對沒有貶低港式魚香茄子的意圖，還對想出這道菜的粵廚，懷有至誠的敬意。

所以，這裏想要講的，其實不是正宗不正宗的問題，而是在知悉現實情況為何的前提下，了解各地各人的不同習慣，從中找到樂趣，而非挑起對立。「魚香」是現代川菜味型中，一個重要的而且聲名遠播的類別。魚香的起源，有一

◎ 四川
◎ 調料
◎ 泡菜

個沒法證實來歷的故事。聽說四川家常菜喜歡烹魚，為了去除魚腥味，會用上許多薑、葱、蒜，甚至不同種類的泡菜一同下鍋，令燒出來的魚份外鮮香。有一次，一位家庭主婦為免浪費，用了燒魚時剩下的料頭來煮其他菜肉。怎料弄出來的菜，家人吃得津津有味，問她是甚麼東西，主婦說只是用了平時燒魚的配料做出來。從此，這個借烹魚味道而來的小菜，變成了所謂「魚香炒」，有燒魚的鮮香卻丁點魚肉也沒有。原理有點像素蟹粉，借鎮江醋、薑和紅糖來呼喚吃螃蟹的味道記憶。這樣就算口裏沒蟹，心中有蟹便能從中啖出蟹味。

至於如何達到吃魚不見魚的幻境，全靠廚師在多種材料之間找到的完美平衡，以及在火候和時間上的準確掌握。基本材料離不開豆瓣醬、醋、醬油、糖這些老生常談。最重要的，還要數川菜一個非常重要的特色材料——泡菜。要引導出魚香風味，以泡薑為主，泡椒為輔。川人家家戶戶都自製泡菜，形成川味中重要的一塊砌圖。沒有好的泡薑泡椒，不但煮不出魚香，更做不成川菜。巴蜀的泡菜文化，在中國菜系中獨樹一幟，也是川味的魔法所在。一般外省人看到的只有川椒辣子，其實不少川菜的深層結構中，泡椒泡菜才是真正的骨幹。

咕嚕肉、薑汁牛肉與西檸軟雞

唐人街的中餐館，對於絕大部份外國人而言，是他們對中國菜的第一或甚是唯一經驗。這事在我作為中國人的心裏，一直都是個帶着尷尬的憾事。我去過的唐人街不算很多，在那裏吃過飯的不外乎倫敦紐約之類，和幾個加拿大及澳洲的城市。不是說那裏的餐廳一般都很不濟事，但不能否認當中確有些害群之馬，以近乎欺詐的態度來經營。大把味精、大堆茨汁加油炸腐肉，過度調味的劣質粉麵，千篇一律的以油遮醜，全都是拿討生活來作為藉口的齷齪手段。結果，教育水平與世界脫節，又或者純屬心術不正的廚人和老闆們，一同合力令中國菜蒙污，令它被世人看不起，被當成為一種垃圾食品，被冠以「greasy Chinese takeaway」的惡名。

在這種咎由自取的情況下，本來洋洋大觀高深莫測的中菜，變成了下三濫的廉

◎ 唐人街
◎ 炸肉
◎ 封茨

價勾當。世人提到法國菜，會想起鵝肝醬、血鴨；提到日本菜，當然想到壽司刺身；提到中國菜，拜從善如流的唐人街中餐館所賜，一定會想起「sweet and sour pork」。不論肝醬血鴨還是壽司刺身，在商業價值上，都予人一種高級高檔的感覺。反觀甜酸肉，卻只能換來下價與粗糙的形象。其實，環球的唐人街就都是這樣的一副德性，形象可說是慵懶低廉、不懂自愛。

但「sweet and sour pork」這道幾乎人吃人愛的菜式，本質是否真的如此鄙俗不堪呢？我個人會如此看：它即是我們習以為常的「咕嚕肉」的一個變奏。它本身是個家常小菜而已，的確難登大雅之堂，不能與鮑參翅肚之類相提並論。但這無減咕嚕肉在老饕們心目中的地位，更不代表它不夠美味或者欠缺文化。

外國唐餐館的咕嚕肉，尤其是food court裏那種中式熟食檔的出品，泰半是汁肉分離的。炸好的裏脊肉或小排骨放在一旁，另備一大鍋紅彤彤的，加了茄汁的酸甜芡。客人點餐時，在一份炸肉上淋上汁液，再加些彩椒和罐頭菠蘿之類，稀糊糊的一貫快餐食品的賣相。這也不一定是不好吃的，我就曾經吃過不下數次肉炸得酥化、酸甜汁美味異常的例子；但這肯定不是真正的咕嚕肉。真正的咕嚕肉，有它本身的形態和風格，製作過程中，需要對粵菜廚房的上乘烹調技巧有所了解，靈活運用。可能因為如此，它更一直傳說是考驗粵廚功力的其中一道經典名菜。

不同食店的咕嚕肉有不同的做法，出來的效果也有差別。但人們喜歡吃它，卻無一不是跟這道菜原來的設計有關。調過味的豬肉，肉質脸軟爽滑，先被包裹在一層經過兩度油炸的酥脆外皮之中。其實就這樣已經是可以征服味蕾的美食了，但這樣吃的話味道始終單一，會令人吃不到幾塊就厭膩。

於是，甜酸汁便在此發揮決定性的作用。那個把鹹、甜、酸三種味道平衡得宜，而且濃稠地沾附在炸肉之上的亮麗醬液，完美地調整了炸肉的油膩感，增強了味覺上的刺激性，令一口接一口的吃下來時，能不斷延續舌尖上的趣味。要完美達到以上效果，炸肉要鮮脆之餘，芡汁更要恰到好處，一滴也不能多。業界標準是，甜酸汁只需完整地把炸面封住，吃完咕嚕肉後，以盤中不留芡汁為佳。那種水汪汪一攤橙色濁液淹沒肉塊的出品，就算做得美味非常，亦是糟蹋了此菜的原意。

至於何為「咕嚕」，我有聽說過是因為芡汁用了粵式「酸果」，即廣東家常的糖醋醃蘿蔔、蕎頭、甘筍、紫薑之類的漬汁，叫做「古老鹵汁」，如是者「古老肉」、「咕咾肉」或「咕嚕肉」這些菜名便漸漸流行，當中出現書面上寫法不一，皆因菜名來自廣府話的口語讀音。然而，此說的真確性，卻是難以考證。

今天的咕嚕肉，多用白醋和糖、鹽、醬油等調合而成。有些老師傅會用山楂來添色，令汁醬出來帶有那標誌性的嫣紅。至於不少食譜都有提及的茄汁，雖然受廣泛應用，但不少前輩都覺得，這種做法是倒過來受唐人街口味影響，不屬粵菜正規。同樣地，此說孰是孰非，不是憑我的知識領域所能斷定，只知道坊間就是有五花八門的製法，各有特色。

許多人吃咕嚕肉時，必定要吃那伴菜的菠蘿塊。首先，若果是罐裝糖水菠蘿，味道和質地上已經不能為菜增光；就算是品質上佳的鮮貨，無論是菠蘿還是彩椒，都只是顏色上的襯托，就咕嚕肉這個菜本身的型貌而言，沒有必要存在的理由。放與不放，於我而言是商業及美觀上的考慮，多於食味上的緣由。在家裏做咕嚕肉，我自己便覺得只要有肉和汁已經成事。若是真的要放，在夏日紫薑當季之時，加入些上等醃製薑芽，做成「紫薑咕嚕肉」，令菜式在品位上和味感上雙雙提升，那才是個有道理又有意思的進階，而非幾片菠蘿所能達至。

提到紫薑，另一款值得一談的唐人街中國餸，「ginger beef」，我姑且叫它「薑汁牛肉」，雖然這個中文名字的普遍性太強，任你隨便怎樣弄也可以叫薑汁牛肉。但對於加拿大西岸，尤其對卡加里的民眾來說，ginger beef可算是當地中菜最有代表性的一道。這個在卡城唐人街發明的境外中菜，相傳是「銀樓京菜館」於上世紀七十年代創製的。它的概念，跟咕嚕肉可說是沒有兩樣，是炸過的牛肉條，封上以鮮薑製成的酸甜芡汁。牛肉是較為北方與西北的食材，加上卡城所在的亞伯達省（Alberta）盛產牛肉，在一家唐餐京菜館出現這道菜合理之至，還提供了「糖醋裹脊」之外另一合西人口味，又合當地材料特性的選擇。

如果「咕嚕肉」和「ginger beef」分別是豬肉和牛肉的代表，那麼「lemon chicken」就一定是同類餸菜中最有名的雞肉版本。跟咕嚕肉一樣，我們香港人也真的會上館子點這個老幼咸宜的混搭菜來吃。菜單上最經典的寫法一定是「西檸雞」；正規點會叫「西檸煎軟雞」，雖然大多數情況，雞肉都是炸而非煎的。這反映了部份中廚的陋習，和中國人的劣根性。炸比煎易做易控制，但做出來的效果，跟花時間慢煎（或半煎炸）是無可比擬的。就我個人的經驗和認識，尖沙咀香港洲際酒店「欣圖軒」精工細做的「西檸煎雞甫」，就可說是此菜的其中一個典範之作。

欣圖軒的前身，是不少老饕提起來依然津津樂道的「麗晶軒」；西檸煎雞甫這道菜由那年代起，至今一直保留在菜單上。菜名中的「西檸」，說明這菜的材料檸檬，以及它的創作靈感，多少來自西方飲食文化。這個據說在香港始創，風行世界的摩登中菜，欣圖軒做得不一樣之處實有幾點。首先，雞件無骨不帶皮，做出來亦非脆身，這樣雞的本質就不會被過份諂媚的炸漿蒙蔽了；換個角度，即是雞本身的好壞亦顯露無遺。欣圖軒用的是一般生長至約七十五天的新鮮黃油雞胸，裁成雞甫再蘸雞蛋汁、吉士粉和生粉拌成的薄漿，慢煎至金黃，最後封上由西檸汁、白醋、鹽、糖、吉士粉和清水煮成的芡汁。值得留意的是，在這裏除了西檸，吉士粉是另一西材中用的特點。

欣圖軒沿用當年麗晶軒的食譜和做法，製作出歷久常新的經典西檸雞，酸甜合度香軟可口，是廚師與食物有一段長情的例證。不過，無論外國人還是本地人，吃酸甜口味之時，還是選擇咕嚕肉居多。這不能代表哪道菜本身比較優勝，只反映出根深蒂固的主觀意識實在是堵高牆，很難翻越。

肉骨茶、鹵水與粿汁

在北角，有一家吃馬來西亞道地美食的餐廳，店舖雖然沒有甚麼特別，也沒有能令人留下深刻印象之處（別誤會，我不是在說食物，只是說裝潢），但他們的名字卻十分厲害——餐廳的全名是「馬來亞春色綠野景緻艷雅」。就算不懂那首曲（又或者不便認懂以免暴露年齡秘密），如此活潑生動的一個非一般的名字，也的確是容易給人牢記下來。

除此之外，其實那邊吃的東西也是滿教人愜意的。他們菜單不多，只專注幾樣招牌食品；其中，肉骨茶可算是重點。店裏的紙枱墊，都印上介紹何謂馬來式肉骨茶，和如何吃才可以獲得完整體驗的圖文。這個貼心的安排，其實香港人暗地裏十分需要。皆因我城人人自命懂吃，個個都是食家，但偏偏許多時，就連甚麼是肉骨茶也沒有聽過，更遑論仔細分辨星馬兩地不同做法的認知能力。為免天天被人問長問短，這樣一坐下來就光明正大地「現眼報」，方便客

◎ 福建
◎ 藥材湯
◎ 馬來西亞
◎ 香港

人先閱覽基本資料才點菜，確是可以省卻不少麻煩和時間，我個人便十分認同這種做法。

肉骨茶這玩意兒，其實是個很有趣的文化交流現象。離鄉別井的福建移民，把生活文化也一併帶走，在南洋落地生根，融合了當地的氣候、產物、風土人情和風俗習慣，蛻變成色彩繽紛的新傳統。這是公認的歷史背景，是華人與世界碰撞而得來的化學反應。這些反應，亦可倒過來借鑑，以一個難得的角度，去反省和了解我們的民族性，當中不管是優點還是弱點，也許都能更加客觀地看得清楚透徹。

無論從網上查探，或是道聽塗說，對肉骨茶的描述，總說它是南洋福建移民的早飯。因移民早期時，他們的生計多為體力勞動，所以不但早餐要吃得夠飽，還要吃藥材燉肉來補身。這有點教人聯想同屬閩地文化的臺灣，夜市也常見有補身藥材湯品，令這種說法好像馬上變得合理化。只是我也有想到，那年代平民百姓的生活水平，應該不至於每朝花錢吃大塊上肉的景況罷。所以，我對肉骨茶作為勞動人口的慣常早飯這說法，存在一定程度的懷疑。直到我真的有機會親身到大馬，在肉骨茶發源地巴生吃了一頓最地道的早飯，才有了新的啟示。

巴生是馬來西亞雪蘭莪州西部一個城鎮，距離吉隆坡市中心約三十二公里。那裏跟華人移民的淵源甚深，是當年華工進入雪蘭莪州錫礦找活幹的據點。華工以福建移民為主，十九世紀末的工作環境，加上是礦場，以今天的標準來看，可能要用艱辛甚至惡劣去形容。為了長期在陰暗潮濕的環境下工作，工人必須保持健康體格，而以中國人醫食同源的生活習慣，應對這問題，自然會由食療入手。「肉骨茶」相傳就是因此應運而生的。它的原型，是骨頭和中藥材煮成的濃湯，給華人礦工們早上配白米飯吃。藥材湯不但有一定的健體療效，肉骨湯亦含豐富營養，加上白米飯能供給動力，合起來就是一份開工前的最佳養生早餐。這就是據我所知，馬來西亞福建派肉骨茶的傳說；星洲以胡椒味為主調的潮州派版本，是個後起之秀。當然，我只是道聽塗說，希望沒因資訊錯亂而誤傷星馬朋友的感情。

我因工作關係，吉隆坡去過很多次。只是每次都是去了等於沒有去一樣，完全只在工作場所出入，根本沒有機會看過甚麼、吃過甚麼。上月，人生第一次馬來西亞的純旅遊（其實也有工作部份，哈哈），得旅港大馬美食作家謝嫣薇穿針引線，她好客的友人們大清早天未亮就來酒店接我，到巴生去吃晨早的第一碗肉骨茶。有當地人在，由他們點菜最妥當不過。食物來到時，眼見四個小碗，分別盛着不同部位的豬肉豬骨，有內臟也有豬腳，還有一碗豆乾，全都浸在深褐色湯汁之中。那湯汁很順滑，有少許黏稠，但全然沒有平時外面的馬來肉骨茶的藥材味，而且調味出乎意料地清淡。這裏所有肉和配料都好吃，但教我如夢初醒的，卻是那碗湯汁。它的溫馴味道，使得一切香料藥材，彷彿都變成了用作增添肉香的調料一樣，絕對不霸道不浮誇，反而來得優雅又含蓄，澆在油飯之上，直教人吃得神魂顛倒、滋味無窮。這種好像在嬌寵味蕾一樣的高級烹煮概念，不禁令我聯想起上乘的潮州鹵水食品。因為在烹飪效果上，於我而言兩者有着異曲同工之妙。

在馬來西亞吉隆坡的巴生，吃了跟自己長久以來認知及想像中都頗不相同的肉骨茶。

肉骨茶與鹵水，兩者截然不同，我也絕對無意混淆視聽，刻意冒犯任何一方。對它們一廂情願的牽扯，只因有一次在深水埗與旺角交界的「好蔡館」吃潮式鹵水所得來的啟發。香港人對潮式鹵水並不陌生，但卻也談不上認識。我們的一知半解，令欣賞鹵水食品的角度變得狹窄。港人大多只會點鹵水鵝片，「了能」點也不過吃吃鵝掌鵝翼，幾曾識得鵝肝鵝腸鵝紅？最為潮汕人士所津津樂道的鵝頸鵝頭，就更是連吃也未敢吃。這也無可厚非，說到底潮州雖然位於廣東省，但語言文化跟廣府一帶差別甚大，反而跟地理上鄰近的福建還要接近些。香港人不明鹵水情有可原，只要別不懂扮作懂，對人家的出品說三道四就好了。

我們一般認知的所謂「鹵水膽」，即那個經反覆調味，混和香料藥材的湯汁，是鹵水師傅們的重要資產，多年不換，只是每天加入新料，老汁翻新而成。「好蔡館」老闆蔡昱先生，對鹵水卻有獨到的處理。他認為不斷重煮的湯汁，其實有衛生與食安的隱患。久經翻熱所累積的重金屬含量，對人體肯定有害無益。而且在味道上，蔡先生覺得千年鹵水沉積下來的濁與俗，沒能提升食材鮮味，違背鹵水製作的原意。「好蔡館」的鹵水，是最多一到兩星期便會倒掉，重頭再來。他們的鹵味，只有味蕾察覺不到的藥引，吃起來但覺芳香，且肉味鮮甜，香料藥材幾近無跡可尋，調味絕不搶過食材原味。這雅致高級的體驗，的確跟我在巴生吃地道肉骨茶時，感覺有點互相呼應。

潮式鹵水有許多吃法，其中一種「粿汁」，是把寬米粉片（類似片兒麵或鼎邊銼的粉片）放碗中，加入各式鹵水食品，如鹵蛋、腩肉、鴨紅、大腸等，再澆上鹵水汁而成，是早餐或夜宵的良品。香港某些潮州食店還會賣，但已經是瀕危物種了。反而在南洋，粿汁依然是平民美食中很常見的一種。上月在檳城，便在熟食檔林立的汕頭街，吃到一碗寧神安心的好粿汁。在香港要吃它，我還是會去好蔡館，蔡先生的粿汁用了自家獨門絕技，加入粥水和葱油，給人吃出另一番好滋味！

太子「好蔡館」的粿汁

茶葉蛋

恭喜發財。其實我從來都比較喜歡講「新年快樂」，或者「身體健康」，頂多一句「心想事成」。不是嗎？心想事成，等於任何想要的東西都能得到，包括金錢。論功利，祝別人心想事成跟祝別人「不勞而獲」，本質上是同義。只是，說心想事成會自我感覺禮貌周周，但講恭喜發財就總覺得很市儈很拜金。不能否認，我這種庸人自擾，說穿了也不過是假道學。只是真的過不了自己的一關，就是說不出口。

當人漸漸成長、老化，從不知哪年起，一句「恭喜發財」便再不是語言障礙了。雖然還是說得不自然、不誠心，但內心就再沒有無謂的矛盾，影響正常的交際能力。其實一句恭賀的說話，也不過猶如唸經一樣罷。唸過是否真的會得到庇佑，從來都不是重點。唸的功德，都是為他人謀福祉，讓他人聽得自在，大家高興就是。市儈與否，是不會因為一句沒有實質意義的恭賀說話，而

◎ 茶
◎ 蛋
◎ 節慶

的表現。

被旁人批判。尊重傳統習俗，不賣弄自以為與眾不同的思想和姿態，其實更是種成熟自信

這種想法，放諸賀年食物上，道理相同。大部份好兆頭的新春美食，作用都像誦經唸咒。吃了年糕，是否真的會步步高升，是沒人會去考究的。但若不吃，一旦遇上甚麼阻滯，反而會耿耿於懷。張愛玲的名小說《半生緣》，開首男女主角顧曼楨和沈世鈞初見面，於年初四跟同事許叔惠上館子，談到過年食品，叔惠就這樣說：「蛤蜊也是元寶，芋艿也是元寶，餃子蛋餃都是元寶，連青果同茶葉蛋都算是元寶——我說我們中國人真是財迷心竅……」勢利的張，寫出重點來。

未讀《半生緣》，已知吃蛋餃是接元寶，因為自幼從祖籍江蘇的外公家，就聽過這說法。但原來茶葉蛋也是元寶，那便新奇了。我媽從前常做茶蛋，煮的時候一屋八角茴香，那是家的氣味，也因此我自小就以為茶蛋是江浙小吃。其實，中國各地都有茶葉蛋，古籍中就有幾個寫茶葉蛋的條目，最廣泛流傳的，是袁牧《隨園食單》中的描述：「雞蛋百個，

用鹽一両，粗茶葉煮，兩支線香為度」。兩支線香，即大概四小時。今天我們煮它，每家每戶都有秘方，除了大多用上普洱濃茶，香料也放得比袁牧時代豐富。茶蛋講究味道之餘，更要有美感，所以敲蛋的功夫跟煮蛋的技巧一樣重要。能夠煮出如圖中劉天蘭小姐巧製的「天蘭茶玉子」般裂紋分佈均勻漂亮的茶葉蛋，才算是賞心悅目。新年年糕吃膩了，不妨改吃茶葉蛋，也同樣寓意吉祥。

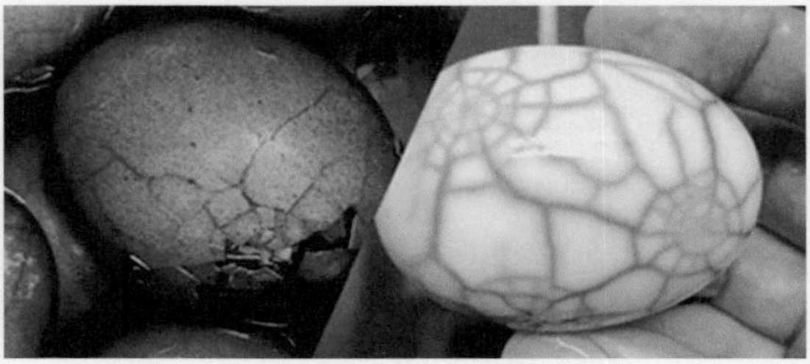

劉天蘭小姐製作的「天蘭茶玉子」

第三章

瀛格料理

——她也許是香港人最趨之若鶩的國家之一，
但願我們不止步於消費主義，盲目追捧潮流，
而是真能品味日本菜背後深厚的沉澱和精神。

◎ 東京
◎ 京都
◎ 富山
◎ 山口
◎ 北海道

鯖棒與鱒壽司 / 壽司冬甩與噗奇 /
散壽司與海鮮丼 / 壽喜燒 / 御節料理 /
虎河豚 / 鰻冊

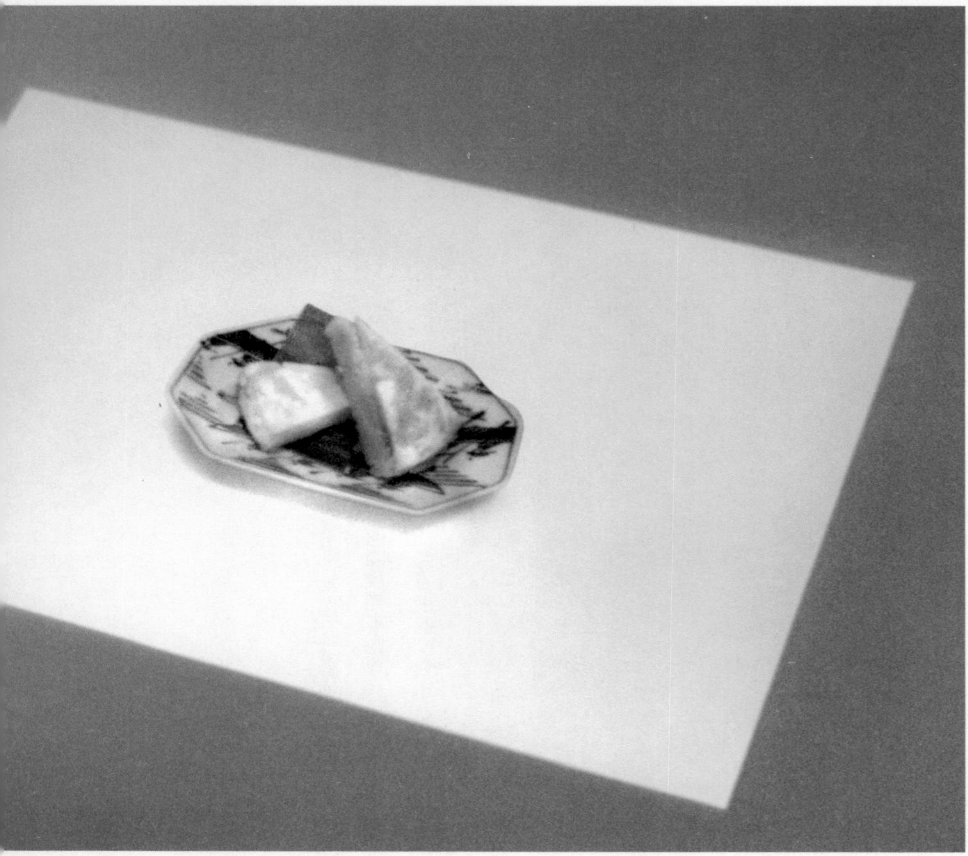

鯖棒與鱒壽司

◎ 日本　◎ 押壽司
◎ 京都
◎ 富山

香港人喜歡日本菜——應該這樣說：香港人擁抱消費日本菜。消費為主與喜愛為主，這之間是有所分別的。真正喜愛，是會醉心，會學習了解，會尊重保護。若只是消費，態度

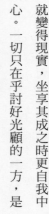

就變得現實，坐享其成之時更自我中心。一切只在乎討好光顧的一方，是單向的享樂主義。

香港人吃壽司，就算不計錯吃假扮的俗貨色，也是一味的自以為是。消費主義鼓吹任性享樂；當然，吃自己喜歡的並無不妥，只是無究人家的習俗規矩，那便是無禮了。無禮除了在人際關係上有所缺失，其實也令自己吃虧。譬如說，去光顧一家正經的日本餐廳，橫行無忌地胡亂點菜，無視當地飲食文化規矩，掌廚的大多不會阻撓，但看在眼裏，心知此等惡客實在毋須費神操心。

反之，在吃人家的東西前多了解，或者不恥下問虛心受教，廚師會看出你是個有心的食客，除了會為你介紹一些好東西，還可能給你一些菜單上沒有的奇珍，為你添口福長見識。我幸運地在年輕時因自以為是而屢次撞板，學會了作為席上客所應有的恭敬謙卑。許多在飲食文化知識上的意外收穫，都是由此而來的。

我第一次吃「押壽司（押し寿司）」，便是因為不恥下問。還記得那是在溫哥華，一家我情緒低落時便會去吃的日本餐廳，廚師見我也算是常客，而且點菜都恭恭敬敬的，就常常介紹些傳統但不常見的東西給我。在沒吃過押壽司之前，以為壽司就只得手握的「江戶前」一種。發現了押壽司，便好像在一個華美的房間找到一道暗門，進入了另一個引人入勝的新領域，特別是當我邂逅了「醋鯖魚押壽司」。

以醃過的鯖魚製成，日本人叫作「鯖寿司」的這個品種，是關西料理其中一樣招牌之作，因其長條形狀，又稱為「棒寿司」。在日本，它許多時在超市或專賣店，以外賣形式上架。傳統用葉包着棍棒形的魚和飯，通常還有一層薄薄的昆布把壽司捲起來。古時沒有冰箱，用這個醃漬的方法，大概可保持魚肉不變壞，也方便帶在路上吃。

在香港，可以吃到鯖棒壽司的地方不多。尖東「千禧新世界酒店」的老牌京都料理店「嵯峨野」，就有給客人預訂的醋鯖魚押壽司供應。據師傅說，這裏的鯖魚先以海鹽醃製二十到四十五分鐘，令魚身收緊入味。然後徹底洗掉海鹽，再把魚短暫浸泡於白菊醋之中。浸多久要視乎情況，太久會把魚肉「醃熟」，時間不夠又欠風味。製作成功與否，全看師傅的功力和經驗。

至於另一重要材料「壽司米飯」，師傅除了放穀物醋、鹽和三溫糖調味之外，還要調合昆布汁提鮮，並混入子薑粒及木芽葉碎，來增添飯的香氣和味感。鯖魚的切法也很重要，緊貼地押在飯糰上的一片厚厚的魚件，從橫切面看，可以看到包括了魚背和魚肚的部份。這樣，在吃的時候便會包含了魚背的鮮味，和魚肚的油香。

現代的醋鯖魚壽司，標準是要吃到生魚肉的鮮香與質感，同時要帶有淺度醋漬所蘊含的風味。因此，除非是家庭式製作，或好像「嵯峨野」那般專門新鮮訂製，否則大多會因為流水作業式製造，和為了延長保鮮期限的緣故，令魚肉偏向

尖東「千禧新世界酒店」日本餐廳「嵯峨野」的「醋鯖魚押壽司」

過度醃漬，把魚的肉質脫水收緊至幾近熟肉的狀態。在日本的超市或鯖棒專賣店，買外帶式的醋鯖魚押壽司時，大多會遇到這種情況。我個人而言，這兩種狀態的鯖棒都吃過許多次，也沒有覺得哪種比較好吃。能安坐下來吃鮮貨當然感恩，趕路時能享用包裝精良的便攜上品也是幸運。鮮造的當然比較豐腴純美，魚肉的質感也相對爽滑而富彈性。然而，超市的出品，亦有方便攜帶的優點。如果製作得宜，味道還真的不錯，我個人認為可算是別有一番風味。

與鯖棒類近之物，有一種在香港更鮮為人知的，叫「鱒寿司」。這種富山縣的特色食品，同樣是屬於押壽司的類別。鯖棒所用的鯖魚，幾乎一定是帶皮的；而鱒壽司用的卻是去皮的魚柳。魚肉經過鹽醃和醋漬後，平均地鋪在墊了竹葉的圓形盤子之內，再於魚肉上放滿米飯，隨後將竹葉摺起來把米飯完全包裹着，再在上面放上重物，把魚肉和米飯緊壓在一起。如此製成的鱒壽司，是一塊包在竹葉裏的圓餅模樣，吃時好像切蛋糕或者意大利薄餅一樣，把壽司切成長長的三角塊狀。

鱒壽司是歷史悠久的食品，它的前身「鮎寿司」（鮎即香魚），早在江戶時代的富山縣已經出現。當時製作壽司用的魚和飯，大都經過醃製發酵的過程，用價廉而普及的糠和醋等來穩定食材的狀態，是前人為了解決保鮮技術問題，以及作為便當攜帶的一種對策。鱒壽司所用的鱒魚，日文名字叫「桜鱒」，其實是屬於鮭魚類，即香港人所謂三文魚的一種。對壽司文化略有所知的，都知道在日本是很少看到三文魚壽司這東西的。似乎只有非日本人，才鍾情於粉橙色魚肉鋪面的壽司。在日本，要吃三文魚壽司，最接近的版本，便可能是這個鱒壽司了。

壽司冬甩與噗奇

回過頭來看，我在書中寫的不少菜式，好像都是一些有歷史、有深厚文化淵源的名菜。可能有讀者會覺得我是在挑一些古典失傳菜來寫，但其實我是沒有這個意圖的；只是要花一千幾百字去描述一道菜，從實際寫作工序來考慮，都要是一些言之有物的東西，才能叫寫的有文章可造，看的也有趣味可圖。有歷史的菜，便比較符合這個要求。不過，具創意噱頭的新奇事，同樣較易成文。

我絕不是甚麼社交網絡的「達人」，根本就不懂也不配在那個多姿多彩的虛擬世界走得前吃得開。但跟大部份時下的都市消費奴隸一樣，我還是有沉迷其中的明顯症狀。譬如「instagram」這玩意兒，如果拿我的手機去分析，我花在拍照拍片上載並瀏覽 instagram 的時間，一定是眾 apps 之冠。我跟一些親朋戚友，特別是年輕點的，如住在外國的表妹和侄女，早已全靠 instagram 來聯繫兼聯誼。

◎ 日本　◎ 夏威夷
◎ 澳洲　◎ 壽司
◎ 北美洲　◎ 魚生飯

某天，家住澳洲雪梨的表妹（對不起，我還是覺得「悉尼」很生外，「雪梨」比較曼妙），在 instagram 發表了一樣有趣的東西。她到了遊客至愛的雪梨魚市場（Sydney Fish Market），試了一款叫「sushi doughnut」的新品種。其實對當代國際街頭小吃形勢有所認知的，單是看到名字，便已經知道是甚麼葫蘆賣甚麼藥。就好像我根本不在現場，但看到照片，加上「壽司冬甩」這個標題，可以誇口說，差不多是等於吃到了一樣明確。

街頭小吃的魔力，就在於能夠掌握到客人對食物的主觀期望和好奇心之間，那一點點的隙縫空間，然後發明一樣可以乘虛而入的東西，便可望至少在開始的幾個月內門庭若市了。這也是為何之前的 cronuts（冬甩 × 牛角酥）、bao（刈包變漢堡）、japdogs（日式餡料熱狗）與 Gimbap（韓式紫菜包飯），都如此成功的因素之一。

壽司冬甩就是利用了壽司這個非常具創作空間的食品形式，加上街頭小吃的思維所發明出來的新噱頭。把壽司飯做成甜甜圈的形狀，上面放各種魚生及魚生以外的主料，飯圈中還可以夾心加餡，最後淋上醬汁再灑點芝麻海苔之類的，便大功告成。至於口味，都是偏向北美式壽司卷，甚至有最近全球大熱的「poke」的感覺。

壽司冬甩只出現了不久，還是個入世未深的玩意兒，能否在當下日新又新的餐飲消費世界立足是個未知之數。但由它身上，可以看到壽司這個概念的無限發展潛力。

我在北美生活的日子，經常會光顧那邊的日式餐廳。溫哥華位處所謂「太平洋西北岸（Pacific Northwest）」地區，地理位置跟東亞的距離最近，較多接觸中日韓文化，所以在溫市有不少正統日本菜可吃。當然，有「真」日本菜之時，也見「假」日本菜充斥市面。但假的也有好壞之分，一如真的亦見良莠不齊。有些北美風格的日式料理，其實是蠻有創意和

表妹在雪梨吃的奇趣「壽司冬甩」

水準的。就拿「加州卷（California roll）」作例，相信最初它出現時，那蟹肉、牛油果及黃瓜餡，蟹子反卷的形式，也曾惹來保守食客的白眼。但它的材料配搭與噱頭賣相，其實很平易近人亦十分討好。結果它成功站穩陣腳，更令其他北美地區爭相模仿。溫哥華就有她自己的「卑詩卷（BC roll）」，以烤鮭魚及黃瓜作餡，也是蟹子反卷，在當地很受歡迎。滿地可和多倫多就更瘋狂，出現了「壽司披薩（sushi pizza）」，成為一時潮食，為人所津津樂道。

但以上這些例子，都只是在原有的壽司概念上發揮，未能自成體系。相比同屬北美地區，但更接近東亞的夏威夷，因為有可觀數量的日僑，加上島上原居民文化一直擁抱海產及未經烹煮的原魚肉，他們早已發展出自家的菜系。夏威夷菜有一道叫「poké」的東西，近幾年急速竄紅，席捲全美再衝出世界。Poké 一字唸若廣州話的「噗奇」，是夏威夷土話「去切割、分割或切開」的意思。

所以這道菜，其實是把生魚（傳統上是鱆魚或鮪魚）切丁，加入一些受亞洲影響的調味如醬油麻油，成品有若魚生沙律。新興 poké 除了魚生，還會加入蔬果，如牛油果、海藻或毛豆等，更可以做成素食版本。許多也會將白飯、糙米飯或其他穀物類墊底，上面放魚生而成為 pokébowl，一碗在手就是完整的一頓飯了。

不少外國人會拿 poké 跟歐陸的 seafood carpaccio 或拉丁美洲的 ceviche 作平衡比較，因為兩種都是西方的魚生菜式，但其實我覺得它跟日本的「散壽司」更為相像！

散壽司與海鮮丼

承前文提到夏威夷 poké 與日本「散壽司（散らし寿司）」的聯想。散壽司，字面上的意思，就是碎切魚生飯。它的做法，簡單來說是把醋飯直接盛在碗裏或飯盒裏，然後鋪上較平常的握壽司切得更細小的魚生。有些食材如鮭魚卵，本身個子很迷你，可以不用處理直接放在飯上；又譬如不可或缺的玉子燒（即煎雞蛋卷），通常在散壽司的情況下，會以蛋皮絲的狀態現身，又或者切成丁，以配合其他食材的形狀和規格。

在香港，poké 的流行範圍其實並不是很全面。就算是年輕一代，好新奇玩意的朋友，也未必人人聽過這東西，更不甚認識它的來龍去脈。反而因為香港消費市場從來都是個自願被日本文化殖民統治的群體，只要是和「日本」兩個字有關的東西，由AV到壽司，大眾都欣然接受，照單全收。雖然這幾年的情況，好像給韓國搶了不少風頭和市場佔有率，但從整體而言，日式比韓式還是

◎ 日本　◎ 魚生飯
◎ 北海道
◎ 壽司

較為理所當然的。不知是否基於這個遠因，令一碗「海鮮丼」近年在本港人氣急升。

「海鮮丼」和「散壽司」，表面上有不少相似之處，更有說海鮮丼是從散壽司演變出來的。這是否屬實，相信要留待專家來定奪了。可以肯定說的是，海鮮丼應該是個相對年輕的新品種，先在日本東北地區和北海道流行。而根據我個人的理解，海鮮丼和散壽司有以下幾個分別。首先「丼」的形態有若我們中國的「蓋澆飯」，因此海鮮丼通常用寬口的深圓大碗裝盛；傳統散壽司則少見用飯碗，而是用方或圓的木製或漆器飯盒。另一分別在於所用的米飯，海鮮丼會用上白米飯或調味飯，甚至菇菌飯或者其他味道的飯都有，米飯多是微溫，類近平常吃丼飯的感覺，但跟牛丼或親子丼之類有點不一樣，明顯有壽司飯的蹤影。而散壽司則一定會用上壽司米飯，即放涼了的醋飯。

另一大不同是在澆頭上。散壽司是壽司的一種，只會在壽司店或有做壽司的日本餐廳提供，由壽司師傅主理。散壽司所用的魚生，與握壽司所用的是同樣食材，而且貫徹日文名字「散らし」的含義，所有材料都散切成細條或丁，着重的是不同魚生在味道上的融合與平衡。壽司始終是比較講究的一種料理形式，因此散壽司的賣相也較海鮮丼要細緻講究，甚少有大片魚生突出碗邊這樣張揚。在香港，不少壽司餐廳會供應正規散壽司。有旅港的日本作家朋友介紹我到尖東漆咸道南的樓上店「銀座大倉」，他們的散壽司便做得非常標準正宗，有興趣的不妨試試。

至於海鮮丼，在日本，這是海產食品店或食堂、小店等地方的菜單，不會在正規的壽司店裏出現。所以米飯上的澆頭，也只會局限於非壽司店材料的規格，即沒有經由壽司師傅處理的魚生產品。其實可以如此解讀：一般在超市買到的魚生種類，如鮪魚、元貝、鮭魚、鮭魚子、魷魚、蝦、章魚、蟹肉、海膽之類，都是海鮮丼的熱門澆頭。但這絕對不代表這些海鮮的檔次或質素要差一點，只是在處理和選料上的分別而已。

以其中一家有名的海鮮丼專門店，位於太古城中心的「北海丼」為例，丼中各種精選魚生毫不羞怯地鋪陳米飯之上，教人食指大動，是種視覺效果上的成功策略。當然，要留住食客的心，始終要憑味道和質素。北海丼依照海鮮丼的發源地，日本北海道和東北地區的口味來製作丼飯。除了海鮮魚生的質量要高，我覺得碗中米飯同樣重要。他們用了醋飯拌以飯素，飯粒保持暖和微溫，吃下去感覺米飯有適當的調味，配合各式原味魚生，味道便很充實。雖然海鮮丼會伴隨一小碟醬油同上，但我吃的時候不用蘸醬油也覺味道豐富。反而據店員分享，部份香港客人對調了味的米飯有微言，說吃不慣。

我十分欣賞店家把原裝原味帶來香港的心思；至於「吃不慣」的意見，亦非常理解。如果要「吃得慣」，其實只要足不出戶，一生都吃家裏從小吃慣的飯菜，那便保證不會有問題。踏出家門闖世界，硬要別人遷就自己習慣的口味，只能說思想狹窄，抹煞了經驗繽紛世界的趣味，是人生一大損失。

壽喜燒

那首膾炙人口的經典日本歌謠，曾經給林振強改成《眉頭不再猛皺》，由杜麗莎唱紅；而在歐美，它有個耐人尋味的名字，叫 *Sukiyaki*。這歌原本叫《上を向いて歩こう》，中譯《昂首向前走》，一九六一年在日本首次發行，由歌手坂本九演唱。歌曲大熱，熱潮席捲全球，先在英國以純音樂形式面世，繼而有歌手翻唱，登上歐美流行榜。

Sukiyaki 這歌名，據說因為在英國推出時，有感原名音譯的音節太長，於是隨便找個日文詞語來代替。隨着歌曲紅遍世界，日本也重新發行，而且在原名後加上這「錯體歌名」，變成《上を向いて歩こう「スキヤキ」》，以片假名表達 *sukiyaki* 這音節。

當坂本九先生知道自己的代表作以奇怪譯名熱播全球時，不知有何感想。他大

◎ 日本　◎ 火鍋
◎ 東京
◎ 牛肉

概會覺得高興吧。說不定他喜歡吃 sukiyaki，會覺得挺有意思。Sukiyaki 的漢字寫法是「壽喜燒」，是不少人在接觸日本菜之初，其中一種入門食品。一般日式餐廳的菜單上，通常都有這道菜，不過做法和吃法多是簡化版，風味和體驗跟原貌頗有差距。

我第一次吃正統壽喜燒，是在一位日本音樂演奏家位於橫濱的家，由她親自下廚。然後有幾次到訪日本朋友的家，他們都喜歡以壽喜燒來奉客，說既能表現日本飲食文化，又容易做得好吃，而且準備工作簡單，是理想的家庭宴客菜。只要材料質量佳，醬汁味道對，米飯煮的好，便不會有出錯的機會。

壽喜燒是道一爐完備的火鍋菜。在香港的日式餐廳，只把材料和汁醬共冶一爐，水漾漾的不是太鹹就是太淡，牛的鮮味被湯水糟蹋，伴菜也亂七八糟。講究的壽喜燒還是要到專門店，由廚師或侍應在客人面前，根據合理的步驟細心烹調，才能煮出應有的味力。

朋友在日本家做的，都喜歡用牛脂來起鍋。東京的壽喜燒名店「人形町　今半」，起鍋用的只見普通食油，相信因為他們用的和牛脂質優厚，不須額外的牛膏提香。店員先在碗中打散生雞蛋，平底鍋子燒熱了，放油再放少量壽喜燒醬。壽喜燒醬汁是這道菜成敗的關鍵，每家店都有自家秘方，材料離不開醬油、砂糖、料酒和味醂。先下鍋的一定是薄切牛，在輕淺的醬汁中燒熟後馬上蘸蛋汁吃，甚麼也不用加配，這樣才能先吃到重點。然後第二片牛以後，才逐步加入不同蔬菜配料，與牛肉一同蘸蛋汁吃，也可配少量白飯。從頭到尾鍋裏的醬汁都不會變成湯水，吃完牛肉和配菜後，在原鍋炒一堆嫩雞蛋伴飯吃，非常完滿。整個過程中唯一的湯，是吃炒蛋伴飯時一起上來的味噌湯，只此而已。壽喜燒真的不是個一品湯鍋，請勿誤會。

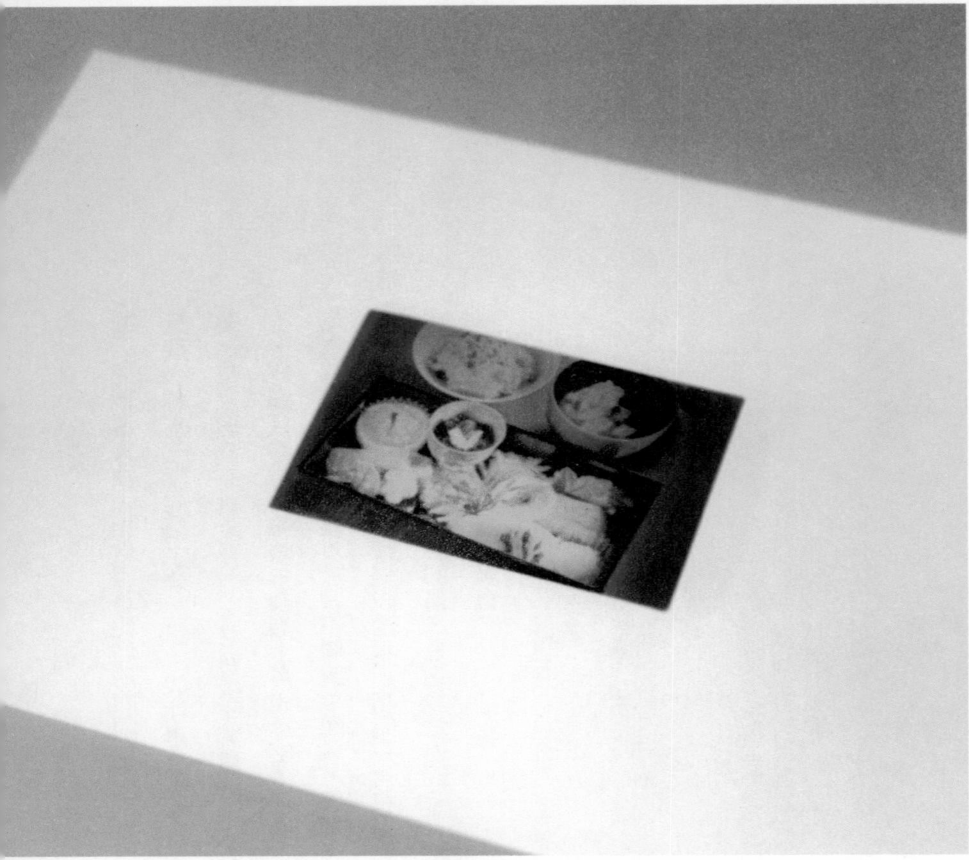

御節料理

陽曆新年在香港人的心中，當然沒有農曆新年那麼重要。那當然跟文化傳統的情感因素有莫大關係，但表面上也跟公眾假期的安排有關。

◎ 日本
◎ 新年
◎ 便當

陽曆一月一日的公假，對於香港人來說是聖誕假期結束前的最後一天。許多人會從拆禮物日後到除夕的五天請假，目的是將聖誕和新年假期連接起來。這樣，工作時間全世界最長的勞碌港人，就能放一個「長假」，到北方國度的峻嶺滑雪，又或者到南半球的度假勝地，過陽光與海灘的火熱聖誕。

相比陽曆新年，農曆新年的節日氣氛一定要濃厚得多。濃厚皆因年初一到年初三都是法定公眾假期，感覺上就已經要比只有一天的陽曆新年隆重了。而且農曆新年那十天八天，是現代化生活中唯一還會以陰曆來運作，陰曆超越陽曆的日子。

從歲晚的年廿八起，全城一致放棄陽曆，人人都在說今天是大除夕，明天是年初一，相約見面或者訂位吃飯，也是以陰曆日子為準。直到初七以後，大家都重回工作崗位，生活回復正常運作，陽曆又回來成為計算日子的標準了。這個現象年復年的發生，我們已經習以為常，但其實是頗為特別的風俗。

日本以前也是根據中國的農曆來運作，新年也和我們一樣以陰曆為準。這據說是在日本「飛鳥時代」（公元五九二年到七一〇年），由推古天皇從隋唐引進過來的習俗。直到明治維新，於明治六年（公元一八七三年）起改用額我略公曆，從此日本絕大部份地方，才不再過農曆年，而改為以公曆一月一日為正月初一，全國休假慶祝。

眾所周知，日本是個強烈追隨傳統文化的超級現代社會。日本的文化習俗，許多都是從隋唐時期的中國引入，被當時的中國文化深遠地影響着。慶祝新年這個概念，也是源自大唐。日本新年有一套特別的賀年菜，叫「御節料理（おせち料理）」，亦即是「日式年菜」。御節料理原本是按照中國陰陽五行之說，慶祝一年之中五大節日（人日、上巳、端午、七夕、重陽）而做的。今日多見於新年，特別是一月一日的節慶飯桌之上。

御節料理以便當方式呈現，便當用的飯盒叫「重箱」。重箱裏的食品內容豐富，一般包括金柑、里芋、藕片、醋牛蒡、豆腐、椎茸、伊達卷、栗金團、蒲鉾、希靈魚子（数の子）、昆布、黑豆、蝦、紅白二色蘿蔔、鯛魚、田作（小魚煮）、雜煮等等。這些食品，全都帶有吉祥的寓意。在香港，如果想應節吃「おせち」，可以到九龍香格里拉大酒店「灘萬」日本餐廳，他們已經做了這道菜許多年，是餐廳的一個傳統，很有意思。

虎河豚

我有一位住在臺北的日本人朋友，是撰寫有關飲食與旅遊的文章的。有次她在蒐集資料，寫一篇有關中菜與河豚的稿子，從古代文學家的字裏行間，到現代人生活中的飲食回憶，她都有所涉獵。她問我在香港的飲食回憶中，有沒有一些有關吃河豚的事情可以分享，和在從前的香港，究竟有沒有吃河豚這種飲食上的次文化存在。

我吃河豚的經驗，寫這篇文章之前全部都和香港沒有關係。除了大阪，我嚐過河豚的地方只有東京。日本以外的地方，我從來沒有吃過河豚，這除了因為鮮有供應，也有安全的考量。相信跟我有共同想法的大有人在，而且很明白，一就是不吃，吃的話還不如去吃河豚文化最深厚的地方去。除了處理去毒的過程令人信任，烹調方式也更多元及準確。

◎ 日本
◎ 山口
◎ 河豚

我有不少在內地工作的港人朋友，近年有在那邊吃當地養殖河豚的菜餚。他們嚷着說美味的同時，也相信吃的很安全。安全並不是因為國內同胞的宰魚道德及技術，而是養魚本身無毒的特性。膽小的我，完全對這等美而廉無動於衷，但朋友說的養魚無毒，某程度又確是事實。

雞泡魚（香港人對河豚的一般叫法）體內的劇毒，主要蘊含在肝臟及卵巢內，屬於無可救藥的神經毒素，無論怎樣加熱烹煮，都不能把毒素除掉。而且只要一丁點，就能輕易置人於死地。最恐怖的，是中毒後人全程保持清醒，經歷步向死亡的每一個痛苦細節，直到斷氣一刻。所以，貪圖河豚美味的確是「搵命博」。但為何養殖的河豚可以全無毒素呢？其中一

銅鑼灣「鮨蕾」日本餐廳，應週年誌慶而推出的虎河豚套餐中，其中一道煮物——「酒煮虎河豚」。

個理論是，河豚不會自己產生毒素，毒是由長期進食含有毒弧菌的海產，如含有溶藻弧菌的海星和貝殼類生物後，毒素積存在體內而成的。所以，在完全由人工控制的環境下，配合適當的飼料，就能養出無毒河豚。

中國人自古以來就有吃河豚，牠與鰣魚、刀魚並稱「長江三鮮」。蘇東坡有文：「蔞蒿滿地蘆芽短，正是河豚欲上時」，證明饞吃的他也是河豚的愛好者。日本人吃河豚更是聞名於世，他們最推崇產自關西，背有花斑，肚子灰白的「虎河豚」，是全日本二十二種可食用河豚中的王者。肉質介乎雞肉和田雞肉之間，味道極鮮甜，而且膠質豐富，都是河豚優勝之處。香港少有河豚菜，虎河豚更是難得一見。最近銅鑼灣「鮨蕾」日本餐廳，引入產自山口縣的鮮虎河豚。去除內臟後原條運來的虎河豚，有日本發出的證書，安全可靠，有興趣的朋友，可以考慮去經驗一趟虎河豚的嚐味歷奇旅程。

鰻冊

吃到今天，差不多年及半百，絕對不敢說也絕對委實未曾「吃盡鉛華」。食歷縱還淺薄，亦已不復年輕時到處覓食，且不怕為此吃苦頭的起勁。即是說，要欠人家天大人情債，去幫忙訂只接受熟客推薦新客的菁英主義餐廳，這種事如今我真是力不從心了。要列隊輪候的地方，亦未能像從前說去便去的瀟灑走一回。還可以推動我去排隊等吃的，一定是我深信值得為它奔命的好東西，日式鰻魚料理，便是其一。

話說回來，其實我不算是鰻魚的狂迷。只是我喜歡的東西，大多都不用排隊、不用說得出暗號便有得吃。坊間為了吃到好品質而大費周章，近年名列前茅的，許多都是日本食品。個人而言，我是會為鰻魚赴湯蹈火，遠多於為壽司或為拉麵……

◎ 日本　◎ 前菜
◎ 東京
◎ 鰻魚

上月在東京，沒有甚麼特備節目，心想也好去為鰻魚出點勤。幾個月前便要訂位的熱店，也真是力有不逮。不設訂位自由排隊的，倒還可以湊熱鬧。於是，從秋葉原乘筑波快線北上，去南千住名店「尾花」，提早於下午四時晚飯時段開門前個多小時到達，果然未見人龍，於是就鬆懈下來。去逛逛便利店，回來已經有一行七人「餓巴生」在熱鬧輪候。排第八的我，還是可以準時四點首輪入座，真是不亦樂乎。

認真的鰻魚店，通常都會提供不同級別的「鰻重」，即是用長方形漆器飯盒盛載的標準蒲燒鰻魚飯，配「御新香（醃漬瓜菜）」及「肝吸（鰻魚內臟如胃、腎及腸的清湯，當中是沒有鰻魚肝的）」。不同級別的鰻重有不同價錢，通常是鰻魚份量多少之分。也有定食，即蒲燒或白燒鰻自成一碟，配小菜、白飯及湯。偶爾會見到「鰻丼」，用蓋碗上的鰻魚飯，是較隨便的吃法，沒鰻重正規，用的部位也許是頭頭尾尾。要特別一提那個肝吸，以「出汁（即昆布高湯）」為基，柚子調味，清香撲鼻。吃飽飯飲它，是完美的終結。

在鰻魚專門店，我還喜歡點一道叫「うざく（鰻冊，也有見過寫成鰻作）」的前菜，由切件燒鰻與黃瓜配「三杯酢（由醋、醬油、味醂各一等份調成的醋汁）」調合而成，有說是源自三重縣的鄉土料理。「冊」的意思，是黃瓜爽脆質地的形容。而鰻魚的天然油份，與醋酸味配合起來，成為一道開胃豐腴的可人前菜。下次大家有機會，不妨點來一試。

東京南千住「尾花」的「鰻冊」

第四章

世界不細小

——即使窮一生之力，我們也無法吃遍全球美食的萬一。
單是以下介紹的食物，恐怕就未必每一種都吃過。
那麼，我們還應該自詡識食嗎？

◎ 英國
◎ 蘇格蘭
◎ 法國
◎ 意大利
◎ 葡萄牙
◎ 捷克
◎ 匈牙利
◎ 荷蘭
◎ 美國
◎ 加拿大

血鴨／油炸牙鱈／水魚清湯與寇松夫人湯／意大利燒肉／石頭湯／威靈頓牛柳與肉醬批／波希米亞酸湯／匈牙利牛肉／荷蘭煎餅／蘇格蘭蛋／火雞／勒烏本三文治與滿地可熏肉／三文治／披薩／Rumtopf

血鴨

相信不少朋友都有聽過「血鴨」；儘管未必有緣品嚐過，也知道它是馳名的法國菜。血鴨之名，是因為汁醬中運用了鴨血、內臟及骨髓，充滿特色。在法文中，此菜除了「canard au sang」之外，也普遍被叫成「canard à la presse（英文 pressed duck 的意思）」。那是因為除了善用鴨血，在獲取鴨血／鴨精華的手法上，這菜所用的方式和工具也是獨一無二的。

我說的是經典的鐘形銀製榨鴨器，功用是把未煮熟的鴨骨鴨心等放進器具之內，然後好像壓紙一樣地轉動器具上的手柄，鴨身隨即在榨鴨器內被壓得吱吱作響，紅彤彤的鴨血精華也便從器具底部的出口涓滴流出。所以，canard à la presse 也被翻譯成「壓鴨」。但我覺得這譯法未盡理想；首先無論粵語國語，唸起來都很滑稽很不順。更重要是，中文本來就有一個合適的字，形容以器具提取鴨血這動作。「榨」便是個最簡單直接的字。因此愚見是，叫「榨鴨」實

◎ 法國　◎ 鴨血
◎ 鴨肉　◎ 內臟
◎ 鴨骨

在是更活潑地把 canard à la presse 的意思翻譯過來。

這個榨鴨器，在傳統高級法國菜中有着象徵性的地位。不少有名的法國餐廳，都會把它放在大廳當眼位置，好像展示藝術品或手工藝品一樣，把它擦得光潔漂亮。這是一種飲食文化傳統，是法國人確認自己民族懂得文明地發展飲食學問，把成績呈示在別人面前並且引以為榮的表現；同時也是他們謹守承傳與創新法國菜的責任，並且尊重前人成就的標記。

香港今天的過度消費、過度突飛猛進，把許多無價的舊東西都給殺掉。經典法國菜便是其一。由於凡事向錢看，而且是向快錢看的價值觀獨大，今天大家都只追逐摘了星星的，或者主廚像明星一樣俊美和曝光率高的餐廳，更不知就裏地一窩蜂吃創新菜。新菜當然不是不好，但貪新忘舊便是問題。城中還把持得住的正統法國大餐廳寥寥無幾，其中一處殿堂級的，有幸因經營者的眼光、知識與氣度，得以令超過半世紀的優雅氣質延續至今。所說的是香港半島酒店經典法國餐廳「吉地士（Gaddi's）」。二〇一七年三月，吉地士把血鴨帶回她的華美食桌之上，還以與別不同的方法處理，令經典平添生氣。

有自己專屬入口及升降機的吉地士，是香港半島酒店內一顆耀眼的金鑽，更有着金鑽般的高雅和獨特性。像血鴨這樣的經典大菜，落入吉地士大廚博雅維（Xavier Boyer）之手，自有不一樣的精神面貌。當然，不一樣絕非改頭換面，而是滲入吉地士風格，做出吉地士特色。

首先，選鴨方面只考慮時令的、來自法國盧瓦爾河流域旺代省（Vendée）的夏隆鴨（Challans duck）。鴨不可用平常的方法宰殺，要扭斷鴨脖或把鴨勒斃，以保存體內鮮血。鴨身以秘製香草醃料處理，然後快速烤香表皮，令內裏保持全生肉狀態。吉地士把她新編的血鴨三部曲的第一部「鴨胸配扁麵及黑松露」，在客人面前以堂弄（gueridon service）的服務完成烹調過程。侍應會先把鴨腿拿出，運回廚房去準備第二道菜。然後割出兩片鴨胸肉備用，再把餘下的所有皮骨肉分解成件。接下來純銀榨鴨器出場了，侍應打開它的胸膛，取出裏面的篩斗，先把鴨的內臟放入斗底，上面放一些皮脂部份，最後把鴨骨放至斗滿。這個先後次序很重要，會影響榨出來鴨血的色澤和質量。然後篩斗放回榨鴨器內，侍應們費勁扭動轉盤，榨出血髓精華。榨的不用多，只要一小杯便足夠。

傳統血鴨菜只有兩食，分別是血汁鴨胸片及油封鴨腿。大廚博雅維不但化二為三，還在每一道菜上運用一些新技巧，令得出來的效果既忠於原著，亦有所提升。一般的作法，第一道菜的鴨胸是切成薄片的，而且煮的時候不去皮。這裏放棄留皮的傳統，令鴨肉的味道更純。同時，胸肉亦不再薄切（slice），而是厚切（carve）。厚切的食感，加上夏隆鴨的優良肉質，令吃的人大口品味濃醇鴨肉味的同時，不用憂心厚切胸肉會有絲毫難嚼的問題。如此安排，除了有突破傳統的意圖，也是循着夏隆鴨的長處，把其發揮到極致。

此外，餐廳把整個烹調鴨胸過程，於客人面前完成，令用餐趣味大大提高。這絕不是輕易事，除了要求侍應要有最佳的訓練，對臨場表現信心十足，更要顧及食物及煮食安全問題。而且，在客人面前是沒有機會試味的，所以對侍應的要求，幾乎跟對廚師的一樣高。

許多食家都認為，傳統法國菜的靈魂，全在她的汁醬之中。堂弄其中一種最特別的汁醬——血鴨汁，實在是一件奇妙的事。我們到正規認真的西餐廳吃飯時，其中一樣他們標榜的服務，就是堂弄。在一枱有滾輪的餐車上，即拌一個凱薩沙拉也好，「瀻酒搶火」

（flambé）燒一個火焰鮮橙班戟（Crêpe Suzette）亦好，那種親眼看着自己點的菜式，在自己面前戲劇性地完成的興奮，是吃東西被提升成全方位體驗的關鍵。當然，堂弄也有實質作用，如韃靼牛肉（steak tartare），由於當中調味料眾多，侍應可以邊拌弄邊查問客人的喜好，提供口味上完全「度身訂造」的貼心服務，而且還能保證出品是「鮮製而成」。

血鴨三部曲的第一部「鴨胸配扁麵及黑松露」，就是堂弄服務的經典示範。侍應先以牛油起鍋，加入砵酒，然後灑上干邑，待酒精稍微揮發，加入鴨高湯，汁醬的雛形就出來了。接下來，鴨胸全個放入汁中，以低火慢慢煮至中間呈粉紅，再拿出來放在一旁小休。鍋子裏的汁液已經蒸發不少，現在再加強火力，把汁收濃，最後加入早前從榨鴨器出來的鴨血精華。鴨血會令汁液進一步變稠，而且增添這道菜的獨特風味。

吉地士的做法，跟一般的有輕微分別。除了厚切鴨胸而非薄切，汁醬製作過程也先下砵酒，而非先下干邑。大廚覺得先放干邑搶火，視聽效果一流，但有機會令汁醬帶苦澀餘韻。的確，吉地士版本的血鴨汁，是多了一份甜美柔和，跟傳統血鴨汁的性格略有不同，是個很有意思的新嘗試。

新嘗試還包括了第二道的鴨腿，和添加的第三道鴨清湯。傳統的第二道油封鴨腿，跟以汁醬為主的第一道鴨胸形成一個味道與質地上的對比。吉地士的「鴨腿伴沙律」，雖然也是將鴨腿油封烹煮，但之後繼續把腿肉手撕，混合芥辣、龍蒿、黑松露及鴨肉醬（rillettes de canard），然後在圓桶形模具中定型，蘸上麵包糠後油炸，配合黑松露片上碟。這個新做法，不但保留油封鴨腿的原意，更增添了多重味道及質地上的層次。最後作結的「清湯煨鴨腿」，把鴨肉鴨骨的精華，與多種蔬菜配料融合成清湯，正好把整個血鴨體驗輕盈地總結下來，委實是個完美的句號。可惜此菜只作短期供應，想再回味體驗，便要靜候機緣了。

油炸牙鱈

在世界各地飲食面貌中，油炸物都是容易討好的烹煮方式，但要做得好卻殊不簡單。若論炸魚，許多人都會馬上想到「炸魚薯條（fish and chips）」這個英倫代表，那是一種簡單直接的吃法，很切合英國人務實的生活態度。把魚宰刮乾淨，去骨割出魚柳，蘸啤酒麵糊炸至酥脆。厚切薯條也下油鍋，炸兩次令外皮鬆化內裏脸滑，灑點鹽再加幾滴傳統麥芽醋，就是簡單快樂的一頓飯。

英國民間飲食習慣素來踏實，不講求複雜的味道和口感配對，更沒時間去弄些千錘百煉的汁醬出來。這些，都好像是法國菜和中國菜之類才會去玩的把戲。中國的油炸魚，譬如松鼠魚又或者另一經典菊花魚，都是賣弄刀法，把魚解體改形，炸成又美觀，又能提升口感、方便進食的模樣，再配合精調的汁醬，成為好吃而且體面的大盤。

◎ 法國
◎ 牙鱈
◎ 薯條

最近行色匆匆地去了一趟巴黎，靠當地一位知名飲食旅遊作家前輩引路，到了被名廚 Jean-François Piège 頂手接管的一家百年老餐廳「La Poule Au Pot」吃晚飯。這家位於有巴黎的「肚腹」之稱，從前是中央食品市場的巴黎大堂（Les Halles）旁的老店，賣的是非常法式的「布爾喬亞菜（cuisine bourgeoise）」。這是十九世紀法國中產階級的精品小菜，也是眾多膾炙人口經典法國菜的搖籃，諸如紅酒雞、鴨肝醬、白汁燉小牛肉等，都屬於這個類別。

那頓飯大開食戒之餘也大開眼界。前輩是法菜專家，他介紹我點一道技術型的經典魚菜「油炸牙鱈（merlan frit colbert）」，若果用英語表達，即是「fried whiting with sauce tartare」。先講他他醬（sauce tartare），我們平常在快餐店吃炸魚柳早餐，一般配奇妙醬，講究點就是配他他醬了。它是以蛋黃醬為基，加入醃漬酸瓜及續隨子粒，混和乾葱及番茜碎，以鹽和胡椒調味，專門用來配炸海鮮的蘸醬。我們的沙律明蝦卷和日本的炸蠔，也是採取這個配搭原理，配用他他醬的變種，西醬東食，異曲同工。

至於魚，牙鱈是歐洲常見的食材，在亞洲比較不普遍。牙鱈個子不大，作為主菜一尾剛好是一人份，因此這菜是全魚上桌的。廚師先從魚背剖開魚肉，把魚骨全部取出。如此，炸好的魚朝上放，會像一艘船的模樣。這個背部剖魚的做法，是這道菜的特色所在。印象中在中菜烹調技巧上，我只見過虱目魚肚是用這個方法來剖開的。在 La Poule Au Pot，這道菜伴以火柴棒薯條，是名副其實的「炸魚薯條」。法國和英國的炸魚薯條，是兩種截然不同的體驗，跟兩國的文化一樣，風格迴別，喜歡哪邊純屬個人喜好。饞吃鬼如我者，最好還是左擁右抱，反正貪得無厭、肚滿腸肥就是。

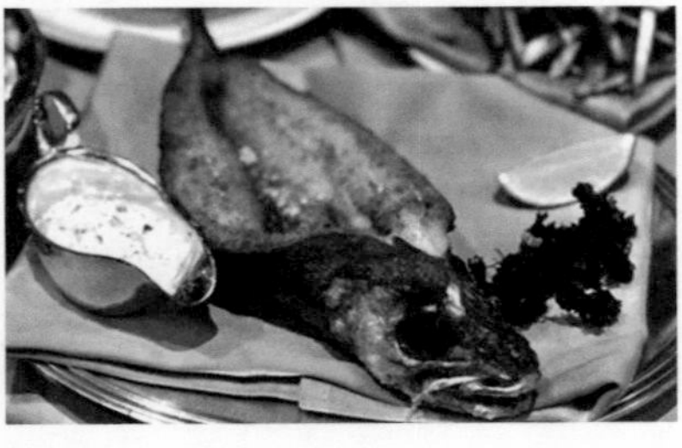

巴黎百年老餐廳「La Poule Au Pot」的「油炸牙鱈」，旁邊的是他他醬。

水魚清湯與寇松夫人湯

第二章在談中國的開水白菜時，曾提過一次法國菜的清湯「consommé」的名字。它的製作技巧，對於我來說，是證明了一個飲食文化的成熟與精細度，能夠透過許多代人的經驗累積，而達到相當高的層次。慚愧地說，我個人認識清湯這東西，是源自小時候超市剛剛興起之時，一些歐洲來的食品品牌，所推出的包裝方便粉末或顆粒（bouillon cube / stock cube）清湯產品。那年代，罐頭及方便食品方興未艾，吃這些加工處理的東西，沒今天的醒覺和顧慮。罐頭湯是家常便飯的熟悉項目，粉末狀的西洋餐湯，也不會被當成為高不可攀的陌生異國風情，偶爾來個粉末加開水而成的白菌忌廉湯或牛肉清湯，絕對符合當時香港的「市情」。因此我對 consommé 的第一印象，就是來自這些便宜又好用的即食湯粉末包或顆粒。

長大後，有機會吃些比較認真正規的西洋餐食，才知道在鍋子裏新鮮做出來

◎ 法國　◎ 咖喱
◎ 水魚
◎ 清湯

的清湯，究竟是怎樣的一回事。那種爽直利落但同時濃郁沉厚的味感，說是陌生也不盡然，因為在傳統中國飲食文化中，不少菜系如粵菜、淮揚菜或者川菜，都有概念上和效果上非常接近的清湯，不同的只是在味道組合的美學上，所呈現出來不一樣的色彩而已。

在製作的原理上，consommé 跟中國的清上湯可謂完全相同。法國的做法，不論用的是甚麼肉（通常選擇以牛肉或家禽為主調），都會用到「mirepoix」，即法式烹調基礎的「三劍俠」——甘筍、西芹和洋葱。廚師會把它們細切成小於尾指指甲大小的丁方粒，用於慢火熬煮的湯中，與肉味和合。中國廚師會用雞胸肉糜來過濾湯水中的雜質，再去除湯面上的所有油脂；法國廚師也有這一招，只是用的是雞蛋清，原理都是靠蛋白質來吸附湯中的濁物，令湯色變得清澈透明。用這個方法做清湯，可以說必須要有肉；但近年有個新方法，令廚師幾乎可以把任何食材做成神奇的清湯——這跟「分子料理（molecular gastronomy）」的革命有關。

說起「分子料理」，許多人只知它被傳媒神化，和被餐飲業商家濫用的不光彩形象。其實，它不過是以科學原理，解釋烹煮過程中的化學反應。譬如清湯 consommé，是靠蛋白質吸引和黏附煮湯時從食材中釋出的渣滓，留下溶解在沸水中的味道香氣，使湯汁呈全透明的完美狀態。中國人和法國人，老早就掌握了這個技術，只是未必知道當中的科學原理而已。鑽研分子料理的科學廚人，改用稱為 gelatin filtration 的離火方法，以膠原蛋白／明膠代替傳統的蛋白浮堆，利用水和明膠兩者冰點的差距，把濁湯濾清。在要去濁的汁液中先加入明膠，再冷凍結冰，然後在微高於水的冰點溫度中，慢速融化其中的水份，留下明膠和吸附着的油脂濁物。這方法因為毋須用到熱力，可以造出許多非傳統味道的清湯或冷清湯，特別是不耐熱的食材，如各種水果清湯。

然而，這方法有一弱點。傳統 consommé 除了清澈，還有濃郁高貴的特質，因為透明的湯中充滿來自肉類的骨膠原，入口有充實的厚度。用明膠來凍濾清湯，所有膠原蛋白都和渣滓被一起濾出，湯汁其實只是充滿味道的清水，沒有厚度可言。厚度是傳統 consommé 的重點，廚師經常會把做好的 consommé 再度加熱，令水份進一步蒸發，留下濃縮的帶味明膠，放涼後可用來裝飾肝醬肉凍，做成一層琉璃一樣晶瑩的鏡面。又或者把凝膠切成小丁，稱之為aspic，好像水晶粒一樣，經常作為高級冷盆的伴碟之用。

從前，最高級的consommé，是用充滿純厚豐富動物膠質的水魚熬成，過程繁複費時，但效果無出其右。有一道由水魚清湯變化出來的名菜，叫「寇松夫人湯（Lady Curzon Soup）」。寇松夫人是位在歷史上留芳的名媛，身為印度總督的妻子，有一次宴客時，因其中一位印度貴賓禁酒，為了不讓其餘無酒不歡的英籍賓客失望（包括她本人，雖然她來自芝加哥），她聰明地把些利酒混入第一道咖喱水魚湯之中，無意中創製了這道菜。此湯廣受客人愛戴和傳頌，從印度傳回歐洲，一度成為歐陸高尚食桌上必備良湯之一。在從前的上流筵席，看到由水魚清湯、咖喱、奶油及些利酒融合而成的Lady Curzon Soup，就是餐單規格達到最高級數的指標。

殖民時代的香港，應該有不少地方曾有此湯的蹤影。我只有幸吃過兩次，都是在九七後。第一次，是許多年前在跑馬地「Amigo」餐廳的小杯版本；在這之前，我也在同一地方飲用過經典正宗的水魚清湯，還要是用最傳統的烏龜形有蓋湯盅奉上的，是一次美好和可貴的飲食回憶。第二次邂逅寇松夫人湯，是由在香港老牌法菜殿堂、半島酒店「吉地士」出身的梁偉灝師傅（Chef Eddy Leung）炮製。他那天特地為我和幾位朋友，做了個經典懷舊菜的菜單，用了純正乾淨的，來自牧牛湖的水魚，製成這道早已在江湖絕跡的傳奇靚湯。如今還懂得做和願意去做這款湯的廚師，可謂寥寥無幾。下次再有幸可以享用法式水魚湯，真的不知要等到何時、去到何地了。

意大利燒肉

在溫哥華有一家食店，位於從前我在那邊居住的時候不太敢流連的古舊下城區，鄰近唐人街的地方。那裏曾經滿佈殘破的樓房和殘破的民居，許多都是隱君子、露宿者。他們大部份都沒有惡意，只是生活被壓迫到極端齷齪的境地，自然日日夜夜都是多事之秋。普通市民如我者，在無知的恐懼下，總覺得那一帶還是避之則吉。

近年回溫市探親時，發現那區終於有點改變。不好的方面，是看不到那些改變為不幸地被遺棄的人，帶來了甚麼正面的改善。他們不過是被社區重建迫遷，重建後的新貌根本沒他們的份兒。這種邊緣化兩極化，其實正無止境地發生在世界各大商業城市中，只是我們都怕事得隻眼開隻眼閉，不想也不敢面對而已。

◎ 意大利　◎ 三文治
◎ 豬肉
◎ 燒烤

至於好的方面，這些舊區因為人見人怕，所以舖租便宜，間接造就了一個有意創業人士的小陽春。我說的那家店，算是當區新思維飲食勢力的先鋒之一，店名叫「Meat & Bread」，顧名思義賣的是肉餡三文治。他們靠的是一招殺手鐧——「意大利燒肉三文治（porchetta sandwich）」。這種曾經被遺忘的傳統老好意式速食，可說是被他們起死回生。看到店舖門庭若市，相信小小的三文治，已替他們帶來可觀的名利得益。

Porchetta 是傳統的燒烤無骨豬腩及豬柳肉卷，效果跟廣東式燒肉有類同之處，所以我對它感覺親切莫名。主要材料當然是豬肉，而主要取一歲以上和重量超過一百公斤的豬，把帶皮的腩肉和腰肉去骨後，加入多種醃料如迷迭香、百里香、蒜頭、胡椒、茴香等，再加入份量比較重的鹽，然後豬皮在外這樣捲起來，串燒至皮脆肉酥。意大利燒肉通常會做成意式三文治「panino」，不用加其他配料，已經是很討好的一種美食，尤其在北美洲大行其道。

在香港，吃得到 porchetta 的地方不多。因為這原本是種街頭小吃，而香港的意大利餐廳，通常只能做香港人認識和明白的東西。Porchetta 這字，連發音都已經要難倒大部份港人了，推廣自然更難。位於紅磡黃埔的「香港嘉里酒店」裏面的自助餐廳「大灣咖啡廳」，每天都有鮮製 porchetta 供應。他們的肉卷來自 porchetta 的發源地，意大利拉齊奧大區羅馬首都廣域市一個叫「阿里恰（Ariccia）」的小鎮。肉在那邊醃好卷妥再空運到港，在餐廳開放式廚房現場燒製。從此在香港，我們便多了一個吃意大利燒肉的可靠選擇了。

石頭湯

不知道今天的小朋友，還會不會看寓言故事？在我孩童時代，寓言故事是極普遍的德育文娛活動之一。除了故事書和連環圖，記得那年代還有間叫「星島傳音」的公司，出版不少卡式故事錄音帶，算是某種比 audio book 更多製作、更生動，跟電台廣播劇差不多的「新媒體」。我父母就給我和弟弟買了一盒叫「城市老鼠和鄉下老鼠」的錄音帶，我記得我不停的聽完又聽，每次聽完了都彷彿很滿足似的。小朋友的心其實很單純，聽不懂內容和寓意完全不要緊，只要信息真確，這樣潛移默化反而來得更長效、更鞏固。

吃東西也可以有故事。不少有名的菜式，背後都有教人半信半疑的典故。身為中國人，對中國菜的認識未必一定多，因為我們從來都看不起自己民族和文化。其實有關中菜的故事多不勝數，吃碗簡單的及第粥伴油條，背後都有兩個民間傳說。粽子有故事、月餅也有故事；伊麵有故事、文思豆腐有故事，近代

◎ 葡萄牙 ◎ 雜菜湯
◎ 馬鈴薯
◎ 豆類

一點的它似蜜、大千雞、毛氏紅燒肉等，全部都有故事可給娓娓道來。這些故事大都無從稽考，它們大多只是像娛樂新聞一樣，反映平民百姓卑微地對他們心裏奴服的大人物的偷窺慾。而真正背後有教訓，旨在導人向善的故事其實不多。

外國菜當然也有故事，這次就講一下「石頭湯」。石頭湯的故事，一如許多民間傳說一樣，不但有眾多不同的版本，更是每個地方都聲稱自己才是原裝正版的出處所在。故事其實很簡單：某某（有些版本是修士、有些是軍人、也有朝聖者）旅人途經某小鎮，身無長物只得一隻鍋，便在鎮上當眼處生火炊食，鍋內只放附近溪流拾來的石頭和清水。鎮上居民見狀上前，問旅人這是甚麼把戲。旅人說這是在做美味的石頭湯，不過尚欠幾樣配料。居民成人之美，拿出甘筍來給湯菜添味。如是者不斷有人好奇路過，聽罷玄機後不斷自發加入其他材料及調味。湯最後弄好了，石頭拿出來丟棄後，旅人得到一頓免費的飽餐，也把石頭湯和鎮內居民分享。

老實說，這故事除了騙局一個，我就看不明白到底有甚麼大智慧。但石頭湯這東西，卻也是真有其事，是葡萄牙亞爾梅林（Almeirim）的名菜。它的葡文名字叫「sopa de pedra」，是個以馬鈴薯和豆為主材料的雜菜湯。澳門幾世紀的葡國殖民歷史，給他們留下了各家各法的石頭湯。我曾吃過澳門文華東方酒店「御苑（Vida Rica）」餐廳的版本，他們好玩地把馬鈴薯用墨魚汁染黑，做成石頭的模樣，平白增添了這個菜湯的趣味性。下次到梳打埠遊玩時，不妨試試這個或其他版本的石頭湯，總比只懂吃葡撻有意思。

威靈頓牛柳與肉醬批

從前，吃西餐幾乎就等於吃牛排，其他東西，好像都只是可有可無的配套。說可有可無，不等於沒有存在價值，只是因為牛排是絕對的不可無，於是相對於主角而言，其他都頓時變成可有可無了。

小時候，去燈光昏暗的洋氣扒房，若果說主菜只給你一碟意大利麵甚麼的，而不讓你吃一塊碩大的牛排，任何人也會說不依。畢竟，以前去吃一人一份、一道菜接一道菜端上來的西餐，是機會難得的開心活動。活動中沒有了萬眾期待的主菜，當然不能接受。就如許多洋人去吃中菜，沒有吃到 sweet and sour pork 或者 peking duck，就儼如沒有吃過一樣。在那個純真年代，沒有人會對自己要吃的牛排查根問底，沒有人會深究牛的品種和產地，更沒有人會留意甚麼油花分佈、等級之類的荒唐事。要分，也只有西冷和免翁，最多加一個 T 骨，就已經天下無敵了。若果要玩些甚麼花巧，都在煮的方法那裏着墨。

◎ 英國
◎ 美國
◎ 法國
◎ 牛肉
◎ 酥皮

從前的這種習慣和觀點，其實蠻有意思。根正苗紅、油花綻放的貴族牛肉，在今日的餐飲遊戲中，重點其實在它的經濟價值多於味感價值。專業廚師最清楚自己做出來的菜，用甚麼食材能獲得最佳效果。客人只需着意牛排的烹調方法和成菜的效果，知道自己喜歡的吃法，把選料工作交回專業人士便好。然而，這種飲食消費態度已不再流行。看今天主流扒房的菜牌，少見各式經典烹調方法，只有不同價位牛種的選擇。消費市場吹噓不同等級價錢的塊肉虛榮，烹飪技巧和學養早已不被重視。美其名是為了吃牛種的原味和食材的優點，其實暗藏吃得愈稀罕，愈是高人一等的心理操控。

隨着餐廳的營運重點，由花時間、考功夫、費資源的經驗烹調，移向講出來便有人問津的名氣食材，許多經典而吃力不討好的菜式，都不能再留在菜單之上，「威靈頓牛柳（Beef Welliongton）」便是其一。整條牛柳（牛裏脊）鋪上肝醬（pâté）、法式碎菇菌醬（duxelles）及馬德拉酒（Madeira wine），再以酥皮包裹，在烤箱中烘至外皮金黃內餡嫣紅，上菜時在客人面前切肉刀一揮，破開香脆外皮露出嬌艷柳肉，視覺上的戲劇效果令食慾推至高峰。這樣的設計，除了感官上的震撼，也有廚藝上的挑戰和發揮，亦有歷史文化的淵源可以細味。

裝修後重開的香港君悅酒店「茶園（Tiffin）」，復業初期的晚市歐陸自助餐，特別推出威靈頓牛柳來慶祝。這個復古菜，一如世界各大名菜，起源都有不同的說法。普遍認為它與英國第一代威靈頓公爵阿瑟·韋爾斯利有關（Arthur Wellesley），但這其實未必是真相……

香港君悅酒店「茶園」的「威靈頓牛柳」

阿瑟·韋爾斯利是英國古典英雄，是他令拿破侖慘遭滑鐵盧，也間接令這道傳說是他最愛的酥皮牛柳，變成風行世界的英國菜。實際上，在威靈頓公爵的時代之前，以麵糰包裹肉食然後烤焗的方式，在英倫流行已久。當時烤箱的溫度難以掌握，麵糰是令烤肉維持濕潤和避免烘焦的保護層。更惹人遐想的是，威靈頓牛柳跟法國名菜「酥皮牛柳（filet de bœuf en croûte）」十分類似，不免令人懷疑它是個愛國主義的移花接木。

更出乎意料之外的，是有飲食歷史研究者發現，最早出現對威靈頓牛柳的記述，是在美國大陸而非英國或歐洲，文獻歷史也只有約一百年，遠在威靈頓公爵作古之後。美國普及文化在上世紀中葉攻陷全球，可能威靈頓牛柳也隨着這股熱潮回流歐洲大陸，成為變種原產特色菜，繼而在世界各地扒房的菜單上佔一席位。

然而，這個連美國名廚 Julia Child 也要放在其經典著作 *Mastering the Art of French Cooking* 之中的牛柳做法，在過去幾十年間卻漸被遺忘。有人歸咎名氣令它墮落，就如所有好東西一樣，成名以後，總有太多粗製濫造的東施效顰，把原裝正貨的名聲拖垮。但我覺得，還有飲食潮流轉變和改革的因素存在。

今天飲食潮流崇尚輕盈，包着厚酥的牛柳，是會令客人卻步的。這跟食物本身是否肥膩的關係不大，反而跟大眾對何謂肥膩的想法更為密切。另一道我很喜歡的古典菜「Pâté en Croûte」，近年就愈來愈難吃到。菜名翻譯過來就是麵皮包肉醬，是個很傳統的法國前菜。它的製作過程十分複雜，先要擀好牛油雞蛋麵皮，醃好肉及肝（可以是平常的雞鴨豬兔，也可以是季節野味），搗碎成醬餡，填滿沿着內側鋪好麵皮的長方形陶罐，然後再以麵皮封頂。但頂蓋要開個小洞，作用除了在烤焗時排氣，更重要是在烘好後，透過這「煙囪」把另外煮好，加入了豬皮凍的清湯注入，然後冰鎮過夜。吃的時候，小心把整個肉醬批脫模，切件上碟，配沙拉或水果芥末醬（mostarda）。每次有機會吃它，看到美麗的切面上，平均而酥薄的外皮，包着一層晶瑩的肉湯凍和綿密的肉肝醬，心情也會變得愉快。

巴黎餐廳「Drouant par Antoine Westermann」的「招牌酥皮肉肝醬（Drouant's crusted pâte）」

波希米亞酸湯

剛從布拉格回來。已經是第三次到那裏，全都是出差。前兩次沒有留意到，自己其實是身在古代波希米亞之地。在現代人的常用詞彙中，提到波希米亞，許多時都是指所謂的「波希米亞主義（Bohemianism）」。這其實不是絕對跟地理上的波希米亞這個區域有關係，而是從十九世紀的法國文學著作中，借用法國人對來自波希米亞的吉卜賽人的主觀觀感而來。這種其實暗藏歧視的觀感，包括四處漂泊、不屬於傳統社會、不受傳統約束，帶有神祕感等等。因此，當時許多藝術工作者及從事寫作的人，因為本來就自覺在主流中顯得不協同，自然帶有上述的特質，被歸類為波希米亞人。

當普契尼的歌劇《波希米亞人》（*La Bohème*）推出以後，這個早已由法國作家亨利．穆傑（Henri Murger）的短篇故事集《波希米亞人的生活情景》（*Scènes de la Vie de Bohème*）帶入普及文化的波希米亞人概念，就更確立更鞏固。今

◎ 捷克
◎ 菇菌
◎ 湯

天，雖然全球社會文化已經變得雜亂無章，再來把「波希米亞人」這個標籤加諸任何人身上，都過時得近乎搞笑。但代表這種文化的形態面貌、氣味顏色，依然是普及藝術風格的其中一個有份量的參考。

既然有波希米亞藝術文化，那麼究竟有沒有波希米亞飲食文化呢？原來也真的有所謂波希米亞食品，只是它跟波希米亞主義沒甚麼關係，而跟今日捷克境內波希米亞地區的傳統相連。如果要講捷克菜，便要回到久遠的歷史淵源，去明白為甚麼在布拉格，總是吃着匈牙利牛肉及維也納式炸豬排。當然，捷克菜也有自己的特色，就例如他們自古以來對菇菌，特別是採摘森林中野生菇菌的熱忱。還有對湯的鍾情，令捷克傳統湯類成為當地飲食形式的重點。

捷克有一種帶酸味的濃湯叫「Kulajda」，可能是波希米亞風味的代表，因為它既是一個湯，而且主要材料是菇菌。它是一道很能安慰人心的療癒菜，只是不太能吃酸味的華南人士如香港人，可能不懂欣賞那種酸香為舌頭帶來的暢快感覺。Kulajda 的主要材料是馬鈴薯、時令菇菌（或乾菌），還有水煮鵪鶉蛋（或雞蛋）。酸味的來源可以是酸忌廉，也有用白醋調味的版本。湯底是清水或菇菌水，所以這基本上是個素菜。當然，現代餐廳的版本也會用雞湯作底，以增加味道層次。調味也有其特色，除了一般的鹽胡椒，還有月桂葉，最重要是鮮蒔蘿及葛縷子，帶起那個自成一格的酸味。

雖說這個湯跟波希米亞主義無關，但想到在油炸牙鱈一篇寫過布爾喬亞菜，布爾喬亞其實跟波希米亞，剛巧是個對立甚至是相反的意識形態。嗯，有趣。

匈牙利牛肉

◎ 捷克
◎ 匈牙利
◎ 牛肉

中學時學世界史，有淺涉奧匈帝國的記事。當時不甚用功的我，大部份內容左耳入右耳出，只依稀記得這個歷史名詞。一向以來，港式井底世界觀令我們對奧地利的印象，只得音樂之都維也納的名聲，但為何會有這稱號，便連一知半解也談不上。至於匈牙利就更糟，唯一弱弱的聯想，只有港式西餐廳菜牌上的「匈牙利牛肉飯」。

這個我向來以為只是有若「星洲炒米」、「福建炒飯」之類，冠名地沒有那回事的「創意混搭菜」，直到近年有機會到布達佩斯，吃過當地的版本，才赫然發現原來這是如假包換的來路菜。「Goulash」是這道名菜最普及的名字，匈牙利文寫作「gulyás」。根據匈牙利籍民族學家 Eszter Kisbán 的研究，goulash 的起源是一種草原牧牛人的雜燴。他們四處為家，自煮自食之時，通常只用上最手到擒來的食材，如豬板油、煙肉、小米、洋葱之類，加一把鹽和胡椒，大鍋擱在營火上燜熟，就是這道菜的原型。實際上，gulyás 這個字，原本就是指拖着牛群攀山涉水的遊牧族群。用它作為這種充滿鄉土風情的燉菜的名字，便已經是其來歷的最佳證明了。

至於現代版 goulash，除了加入以前牧者們難得一嚐的牛肉，還有一樣靈魂調味料——匈牙利椒（paprika）。辣椒不是匈牙利的原產農作物，最先引入時，貴族們把它當盆栽植物。漸漸，種籽落入平民百姓手上，果實才開始被認真食用。及後他們從美洲大陸的飲食文化中，學懂把辣椒曬乾碾碎，變成今天最能代表當地的一種微辣香甜紅椒粉。而這個紅椒粉，亦理所當然地用在匈牙利牛肉之中，創造了標誌性的朱砂色汁醬，也為它成為國際知名的民族特色名菜定調。

匈牙利牛肉蜚聲國際，連在香港也有東施效顰之時，中歐各地當然是流傳廣泛，不同地方更發展出自家版本。例如在捷克，它以波希米亞風味菜的姿態，成為旅客必食之選。布拉格這個遊客氾濫的古城，便有千萬個不同的做法和食味。捷克人用辣度稍高的紅椒粉，還加入地道的葛縷子來調味，肉也時有豬牛交替使用。另一特色，是配烤薯餅或一種好像蒸麵包的「houskový knedlík」，把朱紅色美味醬汁盡數吸收，讓人吃得滿足。

不過，捷克人對這道國菜，可能有不足為外人道的情意結。在共產極權時期，全國只准用同一本食譜，所有餐廳食堂供應的菜式千篇一律，goulash 正是被核准的其中一道菜。這個味道，也間接喚起民族的暗黑記憶。

荷蘭煎餅

已經是十多年前的事了。我們在香港做流行音樂，規模不能跟國際化的歐美同業相比，但有幸還有不少出外演出開眼界的機會。「走埠」是吃力的，且箇中苦樂都不足為外人道；但獲得的經驗，還是可以伴隨一生，甚至受用一生。我們倚仗廣東歌，可以去的地方，只限於擁有較龐大華人社區的埠鎮，來來去去都是東南亞和澳紐美加的大城市，許多時都是在賭場的演藝館。能在舉辦文化藝術活動的地方演出，是較不常見的。

在一次不尋常的機緣下，我帶着公司旗下兩隊那時候還稚嫩的樂團組合，到荷蘭阿姆斯特丹的藝術節演出。因是文化交流活動，行程上跟跑碼頭式的巡演很不一樣。主辦單位讓我們在演出前幾天到達，自由自主地參觀體驗。那不是我第一次到阿姆斯特丹，但在不一樣的心情和氣氛下，感受也跟普通旅遊很不同。

◎ 荷蘭
◎ 糖漿
◎ 煎餅

在眾多旅遊活動中，我自己最關注的當然是飲食。作為遊客，到阿姆斯特丹必然會躍躍欲試的，除了大麻，便是荷蘭式煎餅了。大麻不算是「食物」，我暫且不談；煎餅卻是外國人，尤其是北美洲人對荷蘭食品的最鮮明印象。當地語文寫成「pannekoek」，英文直接叫作「Dutch pancake」的荷蘭煎餅，是個做法和材料十分簡單，但卻變化多端的平民美食。煎餅本身由雞蛋、牛奶、麵粉做成，厚度較美式早餐煎餅要薄，但比法式可麗餅（crêpe）稍厚。典型荷蘭煎餅，尺碼通常是個十到十二吋煎鍋表面一樣大小的圓形。它可以就這樣吃，但大部份時間都伴隨各式澆頭。說是澆頭，因為無論鹹甜，餡料都會在煎餅漿成形之時加入，餅和餡連成一體；這跟法式把餡料放在已成形的煎餅上的做法大不相同，不能混淆。荷蘭煎餅的餡料，通常包括蘋果、葡萄乾、芝士、煙肉、蘑菇、大葱、馬鈴薯等等。若放芝士，多

可鹹可甜，變化多端的荷蘭煎餅。

用荷蘭的半硬芝士，而且在灑上芝士碎後，把煎餅翻過來讓芝士給煎得香脆，那便更教人垂涎欲滴了。另一不可或缺的特色，是不論鹹食甜食還是免餡淨食，都必定會在餅上慷慨澆上糖漿（stroop）。那是荷蘭特產，把水果（通常是蘋果或梨）長時間煮爛而成的濃稠焦糖液，是任何餡料組合的荷蘭煎餅的絕配。

那年的荷蘭之旅，我們一行十多人當然有去吃荷蘭煎餅，由鹹到甜吃了不少家，其中不乏知名餐廳。但我自己最愛的，卻是一家在加拿大卡加里的不知名小店，那裏的荷蘭煎餅，我個人覺得比在荷蘭吃到的還要味美！

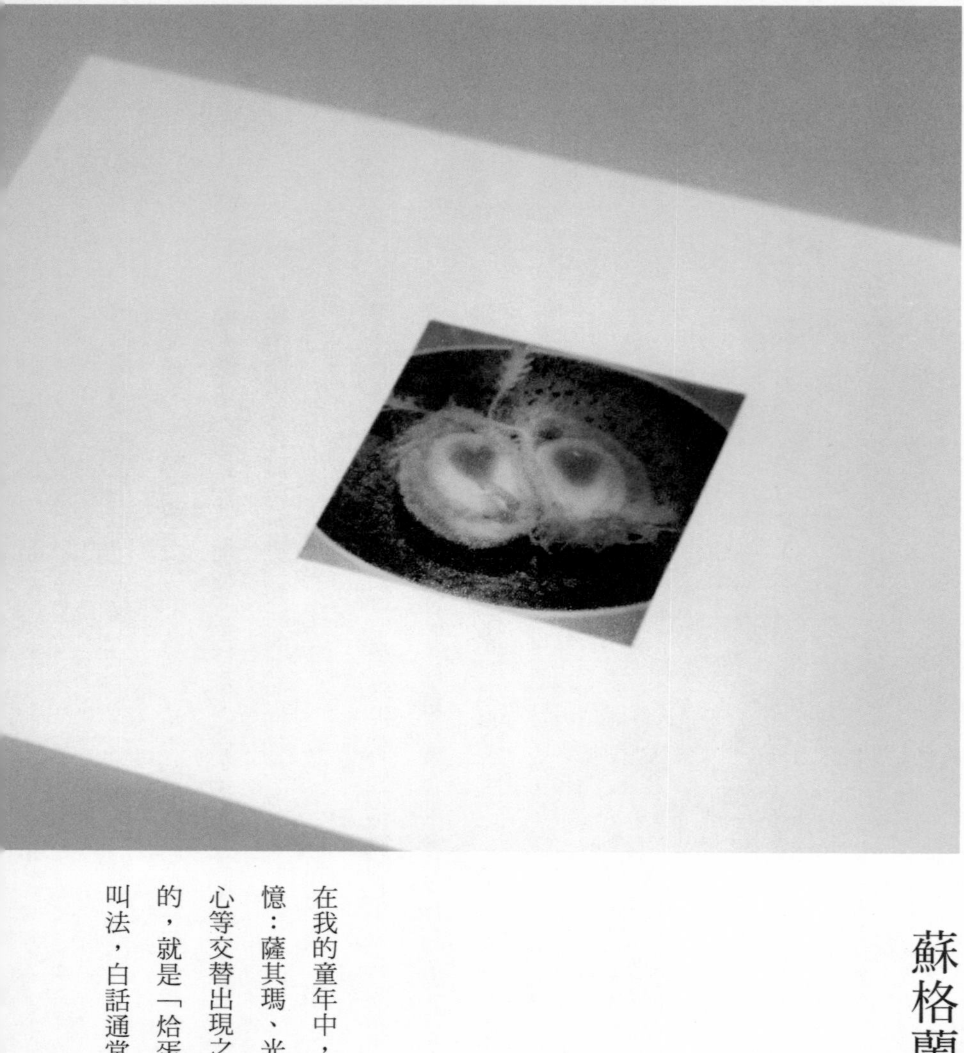

蘇格蘭蛋

◎ 英國　◎ 麵粉
◎ 蛋
◎ 碎肉

在我的童年中，有不少難忘的味覺回憶：薩其瑪、光酥餅、椰撻、檸檬夾心等交替出現之餘，還有一樣最經典的，就是「烚蛋」。烚蛋是香港人的叫法，白話通常叫「水煮蛋」，即是

原殼在沸水中煮熟的雞蛋。烚蛋是大自然給我們解決隨身攜帶食物難題的完美方案。煮熟了的蛋，它的外殼是最佳的便攜容器。而蛋殼裏的內容，也是其中一種最具營養價值的食品。這個組合，可謂完美。

由水煮雞蛋而發展出的食物概念，在不同文化中有五花八門的例子，其中一種是「Scotch egg」。一般被翻譯成「蘇格蘭蛋」的它，連英國人也有不少被名字誤導，以為是源自蘇格蘭的特色食品。但其實蘇格蘭蛋是不折不扣的英國都市生活副產品，由倫敦很有名的百貨老店「Fortnum & Mason」於一七三八年始創。或者，這最低限度也是默認的說法，因為連他們正式聘請的檔案研究專家 Dr. Andrea Tanner，也曾經公開認同這講法，所以蘇格蘭蛋的真正由來，理應沒有懸念。

最初的蘇格蘭蛋，確是為方便馬車上的旅人而設的便攜小吃。Dr. Tanner 指出，當年的版本跟今天的有兩大分別：蛋方面，從前用的是個子比較小的初生雞蛋，而外面的肉糜裹層，亦用了較為重口味的野味肉，有若我們今天吃肝醬一樣的食感。那年代有能力在倫敦坐馬車，相信都只會是上等人，所以蘇格蘭蛋原來是種貴族小食。但若干年前，當我第一次在西貢一家英式海邊小店吃到它時，感覺卻是種最踏實的平民點心。在二百多年的變遷中，蘇格蘭蛋早成了黎民百姓最方便簡單的填肚小吃，以最謙卑的香腸雜肉包着廉價的雞蛋，外面沾滿廢物利用的麵包糠，就這樣被列入 junk food 的界別，名聲一直下滑到底。

英國人對蘇格蘭蛋有情意結，因為難吃的實在滿街都是。不知是否因為英式幽默，還是新世代古老當時髦，蘇格蘭蛋已由大眾嗤之以鼻的劣質酒吧小吃，凱旋回歸而成為美食酒館（gastropub）的新寵。從前煮得蛋黃圍着青邊，兼用不明來歷的下價肉材，在萬年油中炸乾的惡貫滿盈，已經改為有機流心半熟蛋配上乘碎肉，包上雪白麵包糠小心炸至金黃香脆。經過差不多三世紀的崎嶇路，蘇格蘭蛋又以光輝面貌華麗回歸，這是愛蛋之人的一大喜訊。

火雞

我在加拿大生活了七年，在那邊過了好幾個聖誕節和感恩節。加拿大的感恩節比起美國的要早；兩國雖說是毗鄰，但以平均氣溫來看，加國在低溫這個項目上確是遙遙領先，所以加拿大人的秋收時節要來得早一點，也因為這樣，我們的感恩節也較美國的要早上差不多一個月。其實，加拿大的感恩節歷史也意外地較美國的早，分別由英法兩國的拓荒探險者於新世界創立，以感謝上天保佑旅途平安，及一年的農作收成。

「感恩節（Thanksgiving）」本是個非常北美的節日，亞洲大部份地區一直以來都無這傳統。直至近年香港開始興起搞感恩節大餐，大多是餐廳苦無方法再去滿足麻煩高傲的香港客人，因而絞盡腦汁，很費勁才湊合出來的一個新節目。中國人其實早有冬至、尾牙等等傳統節令，來總結一年的辛勞，與家人團聚在一起敬天謝地。只是那股天生的奴性，始終令大眾不能驕傲地擁抱自己的

◎ 西洋文化
◎ 聖誕
◎ 火雞

傳統，老是覺得外面的世界更精彩，人家的節日更高級。你看今天大眾如何不信耶穌卻沉迷聖誕，便可見得一斑。

餐廳搞感恩節，必須也只能出動對中國人來說，味道質地都聲名狼藉的火雞。自小在香港就聽到不少有關火雞的壞話，說牠的肉如何柴粗，味道如何淡悶。這很可能只因為中國人不懂烹調牠；不過老外以牠為一年最重要節慶的餐桌明星，其實也不一定因為覺得牠特別美味，而是有實際的考量在其中。

首先，以一隻大型禽鳥作為過節主菜，是當時歐洲不少地方，如英倫的傳統習慣之一。火雞這大鳥，是北美洲的原生物種，供應充足、容易掌握。從前的北美歐洲移民生活刻苦，母雞與母牛因為有活著的經濟價值（母雞會下蛋、牛可供奶），所以是不會殺掉來吃那麼奢侈的。公雞的肉又太粗硬，於是容易捕獲又容易養飼而一無是處的火雞，順理成章做了牠們的「替死鬼」。火雞還有一大好處：從前不論感恩節還是聖誕節，圍桌共敘的人數都不會只有兩三個，要令許多人都有肉可吃，體積碩大的火雞實在是上上之選。

我本以為聖誕節吃火雞是亞洲人不懂北美文化的一場誤會，還常常主動大膽糾正。最近翻查資料，才赫然發現自己的無知。狄更斯在他廣為美國人認識的小說《聖誕頌歌》（*A Christmas Carol*）中，也有孤寒財主聖誕送火雞的描述。原來火雞真的曾經是北美聖誕大餐的主角。反是後來北美人富起來了，才改以燒牛肉或燒火腿這些比較貴氣的大菜來代替火雞。這個故事教訓我，沒有求證過，只是道聽塗說的，千萬別拿來拋書包、炫知識。

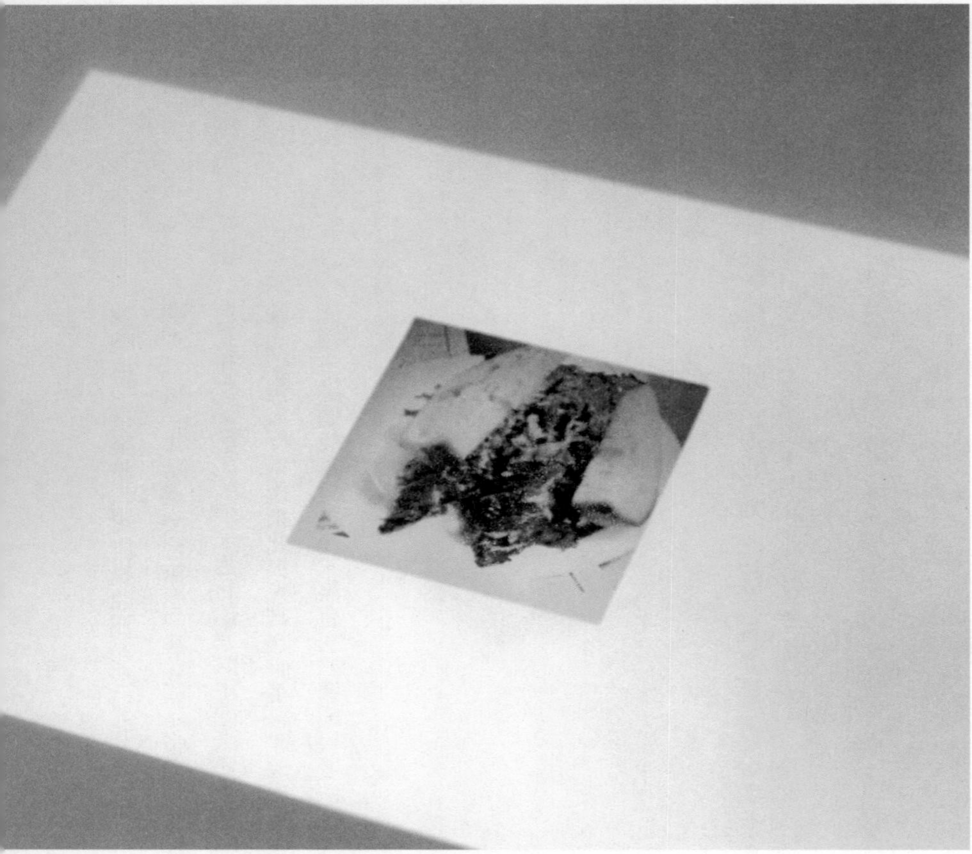

勒烏本三文治與滿地可熏肉

◎美國 ◎牛肉
◎加拿大
◎猶太裔

香港近二十年，餐飲業好像來了一次核爆式的轉變，大量舊東西短時間內消失淨盡，然後許多從前聞所未聞的新東西突襲而至。當中，有我們自己的東西的變種，亦有為數不少的「來

路貨」及「國貨」。這些總結為「外方勢力」的新鮮事物，絕大多數本來就不是甚麼新鮮新生，有好些更是人家老掉了大牙的出土文物。只是自以為是的香港人，井底之蛙的視野牢不可破，少見多怪因而古老當時興，落後人家十年八載卻也懵然不知。

受英國人逾個半世紀的管治與懲教，似乎只增強了港人難以動搖的抗智性。自小被迫學英文，雙語優勢本可幫助我們更容易接觸世界，思維更立體、更多角度和更全方位。偏偏我們深信傻是可愛笨是美德，無才無智兼無志完全不是問題，只要有錢就任誰也不敢看自己不起。這種根深蒂固的自卑，是我們近年節節敗退的其中一個原因。在看不慣乃至看不起內地主流價值沖洗香江之同時，我們也許只是五十步笑百步，「有口話人冇口話自己」。

故步自封不是一朝一夕的。長久以來只懂提供標準答案，相信做一個順民便可平步青雲，使香港人害怕表達自己，害怕天賦的好奇心會為自己帶來麻煩，令自己偏離主流。雖然生活在現代化社會，但思想的籠牢依舊深鎖，對知識乃至常識的深度恐懼，從來都是我們的結構性文化弱點。嘴裏說着生於所謂國際大都會的浮言誇語，內裏其實比自己看不起的鄉巴佬土包妹更愚昧土氣。

我常從飲食的角度來反省，因為那也是其中一個最實在和生活化的視點。香港政府喜歡把此地與紐約相提並論，當中的自卑與自大委實貽笑大方。紐約的飲食光譜層次細密而廣博，不是香港浮光掠影的巧立名目所能比擬。紐約食壇深受來自不同文化背景的移居者影響，當中不得不提紐約式的 deli，那有點像我們的雜貨店再混合麵包小吃的一種街坊生活百貨，語源來自德語 delicatessen。

在紐約舉足輕重的 deli 文化，早期大部份由來自歐洲的阿什肯納茲猶太人（Ashkenazi Jews）引入經營。阿什肯納茲是現代猶太族裔的其中一個重要分支，聚居於德國及東歐諸國，出過許多偉人，如愛因斯坦、佛洛伊德、孟德爾遜、寇比力克等。他們也是二戰時被屠殺得幾乎滅絕的一群。他們經營的 deli，對紐約的本土飲食文化影響深遠，其中「勒烏本」鹹牛肉三文治（Reuben sandwich）便是舉世聞名的表表者。

鹹牛肉對香港人而言並不陌生，罐頭鹹牛肉（corned beef）更是港式茶餐廳的必備食材。一份「蛋牛兜亂烘底」是我重要的童年味覺回憶。當年高級扒房界獨當一面的「Jimmy's Kitchen」亦有一道烚鹹牛肉，配烚椰菜、烚甘筍及烚馬鈴薯，是我在那裏的首選菜式。

雖然如此，鹹牛肉文化並沒有在香港真正扎根。起碼比起紐約等西方大都會，香港的鹹牛肉完全不成氣候。鹹牛肉其實是美國大陸流行的猶太式食品之一。正統猶太食品（Kashrut/Kosher foods），是根據猶太教的嚴格飲食規定而烹調出來的一種宗教飲食文化習俗。當中的守則繁複，除了有禁食食品之外，對可食用的食材處理也有許多特定步驟與禁忌。

猶太食品禁忌在外國不少社會上，是廣為人知的常識。絕大多數飲食從業人員對此都有一定的理解與警覺性。不似香港，別說較冷門的猶太飲食文化，連常見的中式佛門齋菜，許多人都不知當中甚麼可吃甚麼不可吃。猶太人處理肉食有教條上的規定程序，除了要由認可宗教人士根據古經文的教導來人道屠宰，肉也要完全放血才可食用。放血的方法，多為先把肉浸泡在冷水中，再用猶太式粗鹽（Kosher salt）擦勻肉面，使血水被鹽盡量抽出。

猶太式鹹牛肉當然先要選用合格的肉材，通常會用牛腩的部位，以大量鹽蒜塗擦表面，然後放入以水、醃漬用香料及鹽糖調配的混合液中，待六到八天時間。有些做法會好像我們中國江南一帶的「肴肉」一樣，在過程中加入硝，令成品肉色保持誘人的淡玫瑰紅。

不過硝對身體有害，今天許多廚師都放棄了這個步驟。醃好的鹹牛肉，吃之前先蒸熟（也有在沸水中煮熟的，但蒸的效果較好），然後相對肉紋切成大約八分一吋厚的肉片，可選擇全瘦肉或帶肥肉的部份，把多片肉疊起來，夾在兩片猶太裸麥麵包之間，配上德國式酸椰菜及芥末，便成了一份廣受世人愛戴的勒烏本三文治了。

勒烏本三文治的起源眾說紛紜，但所有說法都跟猶太移民在美國開設的 deli 有關。雖然如此，也不是所有勒烏本三文治都是嚴守猶太規條的；許多版本有放瑞士芝士，而猶太教禁止肉類與奶類食品有任何形式的混合接觸，所以它們並非正規猶太食品。在毗鄰美國的加拿大，有一種很有名的食品「Montreal smoked meat（滿地可熏肉）」，也是跟猶太食品有不可分割的淵源。

先講有關譯名的事。我對加拿大這地方的第一認知，是從我懂性後由電視畫面觀看的首個奧運會而來的。那是一九七六年滿地可奧運。對我而言，Montreal 就是「滿地可」不是「蒙特利爾」，正如 Michigan 是「密芝根」不是「密歇根」，Michelle 是「米雪」不是「米歇爾」一樣。從那時候起，在我的世界觀裏，滿地可是個集合大都會氣派、崇高人文文化及先進西方價值的代表，也是最早認識的外國城市之一，所以一直希望有機會到那裏看看。

認識滿地可熏肉，卻是在實現滿地可旅遊之前。上世紀九十年代，當時我住在溫哥華，市中心商圈內有家專賣滿地可熏肉的店。那時未曾了解其來歷，只當作加東特色食品，還因為魁北克省的原故，以為是法國煙肉的變種。後來認識了來自魁省的朋友，才知道多一點來龍去脈。在當地也被稱為「viande fumée」的滿地可熏肉，跟紐約式 deli 的鹹牛肉或煙燻肉（pastrami）類似，卻又不太一樣。雖然肯定同屬北美猶太飲食文化之列，但在肉的醃煮程序上，兩者是稍有不同的。

其實，鹹牛肉與煙熏肉也有些微差別，兩者在肉材與醃漬過程上非常近似（煙熏肉沒有在煮之前再浸泡鹽水，只擦上鹽糖及香料熟成），但鹹牛肉是蒸或浸熟的，煙熏肉卻是熏熟的。滿地可熏肉同樣是以煙熏熟，但熏之前有經過鹹牛肉一樣的鹽水浸泡。還有一樣不同的地方，美國猶太式煙熏肉或鹹牛肉，肉材多來自牛腩中油脂層多點的「navel」部位。加拿大滿地可熏肉許多時則用全件牛腩，因此在滿地可的 deli，點熏肉時可選擇瘦肉或肥肉。這點在美國的 deli 是比較不會遇到的。

幾年前，我終於下定決心，去一趟聞名已久的滿地可。作為一個初到貴境的遊客，我也有乖乖地做遊客做的事，其中一項就是到「Schwartz's Hebrew Delicatessen」朝聖。這種活動，說實話從來跟美味與否無關。Schwartz's 是滿地可一片重要的歷史，從一九二八年至今，她代表着當地的飲食文化特色。第一代羅馬尼亞裔猶太創辦人勒烏本（Reuben

Schwartz）退出後，接手人好像再沒有在店內留守，而且也不斷轉手好幾次。最近一次約在六年前，聽聞無人問津快要結業，多得有白武士找來加拿大第一國際樂壇天后 Celine Dion 入股，老店才得保住。但 Celine 是個天主教徒，滿地可猶太社區對這有何說法呢？

其實，原來早在大蕭條時代，勒烏本為了維持生計，已放棄正統猶太規條的飲食作業模式。所以在過去差不多八十年來，Schwartz's 其實只是一家「猶太風格」的 deli 而已。

蛋治與多士

「愈是簡單，其實愈不簡單。」世事多如此。白方包、雞蛋、牛油，三樣煮食入門班的基礎材料，要做成真真好吃的東西，絕不是談笑間的事。若要能俘虜人心，甚至教人慕名而來，排着隊買來吃，就肯定要有上乘的手藝、長時間的專注，和對自己近乎不近人情的要求，才能達到。港式蛋治，確是不起眼的平民食品。但要認真對待它，也許還得倚靠廚者的匠心。

我小時候未曾是蛋治的擁護者。直到中學時，眼見懂吃的同學，小息時在學校 tuck shop 點「蛋牛兜亂烘底」，洋洋得意地大口大口吃着。在旁的我，聞到一陣陣引人犯罪的香氣，便學着人家點來吃。罐頭鹹牛肉炒滑蛋，放在兩片塗了牛油，烘得焦香的白麵包之間，中間斜切一刀，兩件梯形的香脆夾鹹鮮，供給年輕時我們放肆玩耍的動力，和口福上的小圓滿。

◎ 西洋文化　◎ 澳洲
◎ 香港　◎ 三文治
◎ 馬來西亞　◎ 多士

一般蛋治，蛋的份量也不會比麵包多很多。畢竟是價廉小吃，做得太豐盛也不是那回事。時移世易，靠囂張炫耀來確認自我的風潮日長，連本來實而不華的平民安樂茶飯，也要憑嘩眾取寵來爭風。好端端一件蛋治，去搞甚麼厚切、甚麼日本牛乳炒蛋，還要份量大得連成年男人把口張盡，也未能咬下去的景況。無論是賣的還是吃的，也差不多是種喪心病狂的表現。

真正好吃的蛋治，所靠的根本不是這些長他人志氣、滅自己威風的市儈伎倆。母校 tuck shop 的蛋牛兜亂烘底，便是個價廉物美的好例子。校園吃的也許只是情懷，近年最夢魂縈繞、常在心間的，是觀塘某工廈神話級食堂的出品——「葱蛋治」。葱花炒蛋沒甚稀奇，他們的絕活，是烘香的麵包。當一片正常方包烘成多士後，廚師巧手地把它水平片成三份，兩刀分開二薄一厚，連着上下烘面的二薄，沒烘的那面先慷慨抹上牛油，先把一片貼回中間厚片麵包「內層」，然後上面放葱蛋，餘下一薄烘面朝上牛油朝下的蓋上去。最後切成兩份長方，方便放進嘴裏，也比切三角的來得啖啖材料平均。如此大費周章，才能成就出不靠排場，只靠功夫的與別不同。

這把庸俗變細緻的做法，在今天的扭曲飲食文化和粗鄙覓食方針中，不幸已成鳳毛麟角。許多地方，都識時務地把一片本來價廉物美的多士的工序簡單化，又或者用厚麵包來巧立「厚切」的名目，只求招徠不知就裏貪小便宜的庸客，放棄對自己手下出品的承擔。在我的有限認知裏，港式西多士可能是厚的好，但三文治卻從不以「厚」「大」取勝。這種被財大氣粗的北美文化污染，求份量不求質量的消費惡行，已經不知誅滅了多少本來氣節清高的巧手民間小吃。借「香港文學季」講座的一句話——「窮尊嚴、富優雅」，那是舊世界以人為本的倫理秩序。今天，單看食店賣些甚麼，就能感受到人格的墮落、獸性的肆虐。

我好像把話說得嚴重了。不過聽上一輩人說，如此把多士切薄片、鮮油（冰鎮牛油）塗夾層、麵包烘香脆，這在舊時代的「茶檔」，可算是標準動作。一份鮮油多，一杯熱奶茶，是許多上班族早晨的幸福。月前去馬來西亞，到了人人都說好像回到舊香港的檳城和怡保，在一家老字號茶檔，點一杯正宗的怡保白咖啡，配一件「加央多」，老香港的情懷馬上躍然眼前。那份多士的做法，跟上面說的葱花蛋治同出一轍。白麵包從中間橫切成兩薄片，抹上嬌艷欲滴的加央（kaya），一份下來，兩片多士變四片，加央的份量也比現在香港的俗氣茶餐廳把兩片方包夾成的要多一倍。最重要是，一片方包烘香而成的多士，中間夾着加央醬，無論是包與醬的比例，還是三文治的整體口感味感，吃起來都較兩片麵包就這樣糊醬黏合，要來得精彩細膩多。

多士雖價廉，也不是平凡百姓的專利。名人吃多士的故事，天下皆有。香港的，我聽過名伶任姐，在文華東方酒店「快船廊」吃白砂糖多士的傳說。她最愛把烘香去邊的白方包，塗一層薄薄的牛油，再灑上白砂糖。白砂糖不能多，灑上後靠牛油黏着一點，多餘的一彈一震，落回盆子上，便是最完美的包、油、糖比例了。

外國嘛，他們有「Melba Toast」。澳洲歌劇女伶 Dame Nellie Melba 有位廚師知己——大名鼎鼎的 Auguste Escoffier，學法式廚藝的相信對他一定不會陌生。Escoffier 為患病的伶友，做了這個薄切香脆的精美三角形多士，後來更成為環球美食愛好者們，配高級肝醬的不二之選。

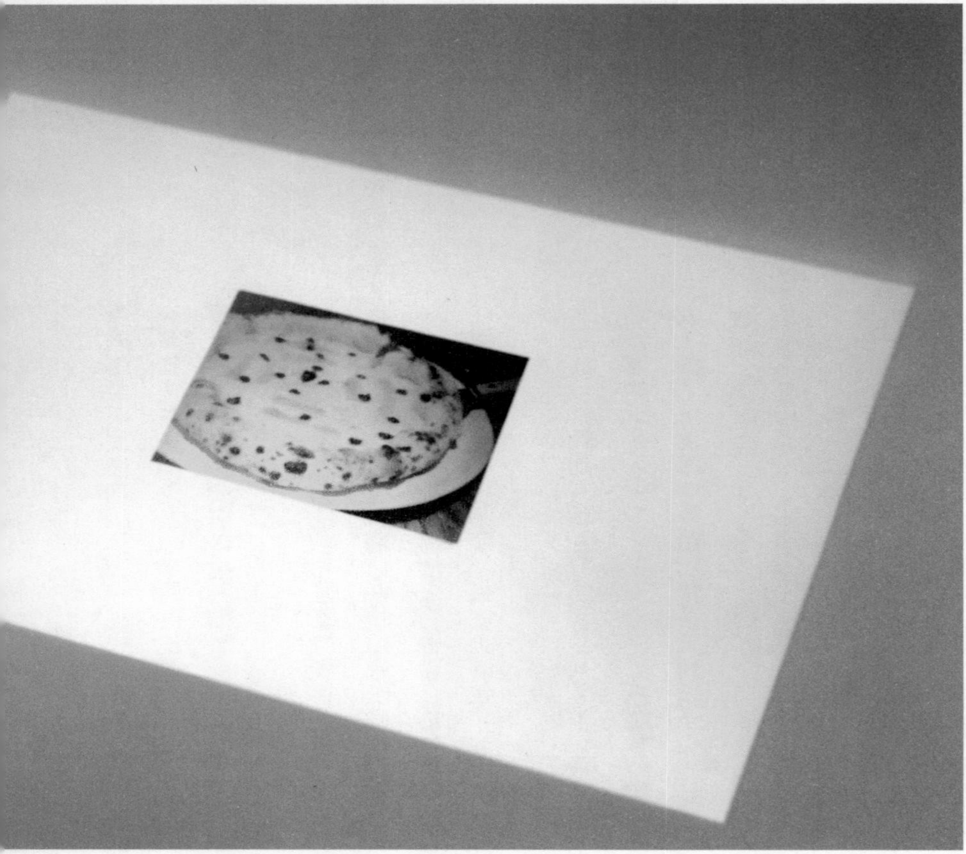

披薩

◎ 意大利
◎ 披薩
◎ 全球化

一種成功的食品，尤其是以現代商業標準來衡量，必須具備靈活多變，卻又萬變不離其宗的基本「性能」。能變的意義，其實在於能屈能伸的潛力。因為在反智的大環境下，連食物

也要有立竿見影的娛樂性，才能辛苦賺取普羅大眾的一絲關顧，帶來那比生命還要大的所謂「商機」。

能體現上述精神的例子，今日在地球村裏比比皆是。就以日本壽司為例，在過去十多二十年間，以排山倒海之勢，幾乎橫掃所有自命「大」和自命「摩登」的都會城市，甚至波及風光暗淡的鄉村小鎮。這現象，連帶令日本這個品牌，自家電革命後，進一步成為能吃下肚的先進世界夢幻國度，亦令「超英趕美」這原屬壯膽叫囂式的口號，變成他們運籌帷幄的實力表現。

觀乎壽司的成功之道，我個人覺得跟它的可塑性很有關。認真正統的壽司，對絕大多數外地人來說，其實是艱澀難懂的異國口味。壽司之所以流行，其中一個原因是它可以糅合許多不同食材、不同味道，把世界各地的飲食習慣不知不覺間融入當中。就以北美地區為例，在加州它搖身一變，成為獨當一面的「加州卷」；在夏威夷遇上罐裝午餐肉，又變身成人吃人愛的「午餐肉飯糰（spam musubi）」。如此千依百順，甜酸苦辣皆宜，自然成為現代社會其中一樣最成功的商業食物類型。

另一成功案例，非意大利披薩莫屬。這個原為意國平民食品的有料烤包，倚仗美國流行文化和連鎖食店經營模式，被引領到七大洲五大洋，成為無數人簡單快樂又相對便宜的一頓飯。為甚麼是美國？這跟上世紀世界大戰以前移民到北美東岸的意大利人有關，他們把披薩和許多其他意國風味帶到亞美利堅，漸漸演變成美式意大利菜系，再藉戰後美國的經濟擴張和文化輸出，一起帶到全球各地，成為現代化生活模式的其中一種代表，跟可口可樂、漢堡包等等並駕齊驅、馴服世界。

當然，去問意大利人，他們泰半對美式披薩嗤之以鼻。連香港，近年也開始從速食和電單車外賣披薩的迷陣中探出頭來，瞥見不少認真正統的高級披薩。本地薑有「CIAK」膾炙人口的話題之作；最近空降登陸的，有被選為全球第一，顛覆傳統卻又擁抱傳統的「KYTALY」。他們和其他不少良店，合力把香港的精品披薩推上國際水準，令人振奮。

明白了解，兼懂得欣賞帶着新思維而創作出來的精品披薩，必先要對披薩文化有點兒認識。現代披薩的起源地，一般認為是意大利拿波里（Naples）。今天，自命懂吃「識食」之人都大致公認，所謂「正宗披薩」就是拿波里的傳統式樣。其實，去考究甚麼是正宗，除了為做好學問，也幾乎是別無意義。在人類麵食的歷史中，千多二千年以來，發明過不少如披薩一樣帶有「澆頭」的扁平包餅，許多都出現在有文字記載披薩一詞之前。只是當意大利人開始習慣以番茄醬和手捏水牛芝士（mozzarella）作為麵餅的基本塗料後，披薩文化才算是正式確立；而這，亦不過是十八世紀後葉才發生的事。

在今日千變萬化的披薩世界中，有一款可以說是它的「基本型」，也是其中最廣為人愛的口味：瑪格麗特（Margherita）。這由綠（羅勒）、白（水牛芝士）、紅（番茄醬）三種意大利國旗原色組合而成的經典，簡單基本得來，卻也最能體現披薩的味覺精粹。而由被選為全球最佳披薩，來自意籍名廚 Franco Pepe 旗下披薩專門店「Kytaly」在香港的全球首家分店出品的「Margherita Sbagliata」，則是近乎顛覆了經典瑪格麗特披薩的創新之作。它最特別之處，是把番茄和羅勒分別製成近乎濃縮的精華醬汁，直接放在烤好了的水牛芝士餅底上，有別於把所有澆頭同時放入烤箱一同烤熟的傳統做法。出來的效果，是教人驚異的清新感覺。它的另一致勝之道，是做得細膩輕盈、綿脆適中的餅底。兩者合起來，為它贏得世界第一的榮譽。

披薩的餡料變化無窮，自從意大利移民把它引入北美，成為當地極具標誌性及代表性食品，再於戰後隨美國普及文化征服世界後，各地的自家特色，更是百花齊放百家爭鳴。除了一般鹹食，當然也有做成甜品的。無論是蜂蜜、水果、堅果、奶油，還是巧克力，都教人垂涎。在形態上，也有對摺起來，好像巨型餃子一樣把餡料包在裏頭烤熟的 calzone，和我最近才第一次在 Kytaly 見識到的油炸披薩（pizze fritte）。所以，一件披薩背後的文化淵源與內涵，真是值得我們去認真看待的。

Rumtopf

喜歡飲食文化寫作，其實真的是因為好奇。有了這份寫食的副業，有機會接觸到許多以前不容易接觸到的事物，那是寫作的最大回報。在各大小食肆及雅致酒店工作的朋友們，不時會介紹新奇有趣的好東西給我，令我知識增長、眼界大開。很多世界各地食物及飲食文化的資訊，都是一點一滴由他們那裏學回來的。

聖誕對於我來說，是個集合西方世界不同地域、不同時代、不同階層的悠久傳統，回味不知多少代人的心思智慧，憑宗教熱忱而創造出多姿多彩的口腹盛宴。幾乎每年，都會學習到新的東西；有些是由不同背景的旅港工作歐洲朋友，把他們的家鄉傳統介紹給我們；也有些是餐廳酒館，他們各自投放的心思。

◎ 德國　◎ 蘭姆酒
◎ 聖誕　◎ 甜品
◎ 水果

二〇一八年聖誕，我在香港文華東方酒店頂層「M Bar」，又學到了一樣其實在外地流傳很廣，只是無知的我聞所未聞的好東西——「rumtopf」。這東西既是節慶飲料，也是窩心甜點，是德國人家裏每年由水果當造的春夏季起，長時間以酒精濃度高達七十的超烈蘭姆酒（overproof rum）浸泡而成的。傳統的浸泡器皿，是厚重的陶製高身闊口罐，這個罐就是 rumtopf 這名字中的 topf，亦即是英語的 pot。所以 rumtopf 的意思，直譯過來就是「蘭姆酒罐/盅/壺」。

蘭姆酒罐的製作其實很直接簡單。在水果成熟的季節，選取合適的品種，如草莓、蜜桃、杏桃、覆盆子、櫻桃、梨等等，以每三份酒一份水果加一份白糖的比例，把材料置於罐中。在存放於陰涼處熟成的期間，可按季節再加入當時得令的水果，只要保持上述的三一一比例便可。當進入冬季，到聖誕節前後，蘭姆酒罐的浸泡便大功告成。酒液當然可以飲用，而且因為甜度香氣和醇厚度都很棒，適合用來製作應節雞尾酒。而飲飽蘭姆酒的水果，就這樣吃已經是上佳的甜品，若用來配合蛋糕、冰淇淋等等，更是妙不可言。

在文華東方，他們不但做了一罐傳統的rumtopf，還破天荒用亞洲水果如鳳梨、龍眼、山竹、楊桃、日本麝香葡萄、蜜柑及菠蘿蜜，浸泡出別開生面的「Oriental Rumtopf」。以文華東方的作風，不會就此不加思索的拿來隨便奉客：M Bar 的得獎調酒師，更把Oriental Rumtopf 做成 Rumtopf Old Fashion 雞尾酒，而 Classic Rumtopf 就變身成 Rumtopf Spritz 氣泡飲料。用來浸酒的水果，會做成雪葩，跟飲料一起給客人品嚐。

香港文華東方酒店二〇一八年冬天首次推出的聖誕特色 Rumtopf

第五章

烘動全城

——麵粉加水，有時還有蛋、糖、牛油等各種各樣，
材料雖萬變不離其宗，卻能衍生層出不窮的美味，
烘焙的世界，深不可測。

◎ 日本
◎ 美國
◎ 英國
◎ 蘇格蘭
◎ 法國
◎ 德國
◎ 奧地利
◎ 中國
◎ 香港

班戟與年輪蛋糕 / 馬卡龍與冬甩 / 班尼迪蛋與荷蘭汁 / 英式鬆餅 / 茶餅與消化餅 /Sachertorte/Joconde sponge/ 牛角酥 / 免治批 / 帝王餅 / 夾心威化 /Stollen 與 Yule Log/Kouign-Amann/ 拖爐餅 / 糖油餅 / 椰撻

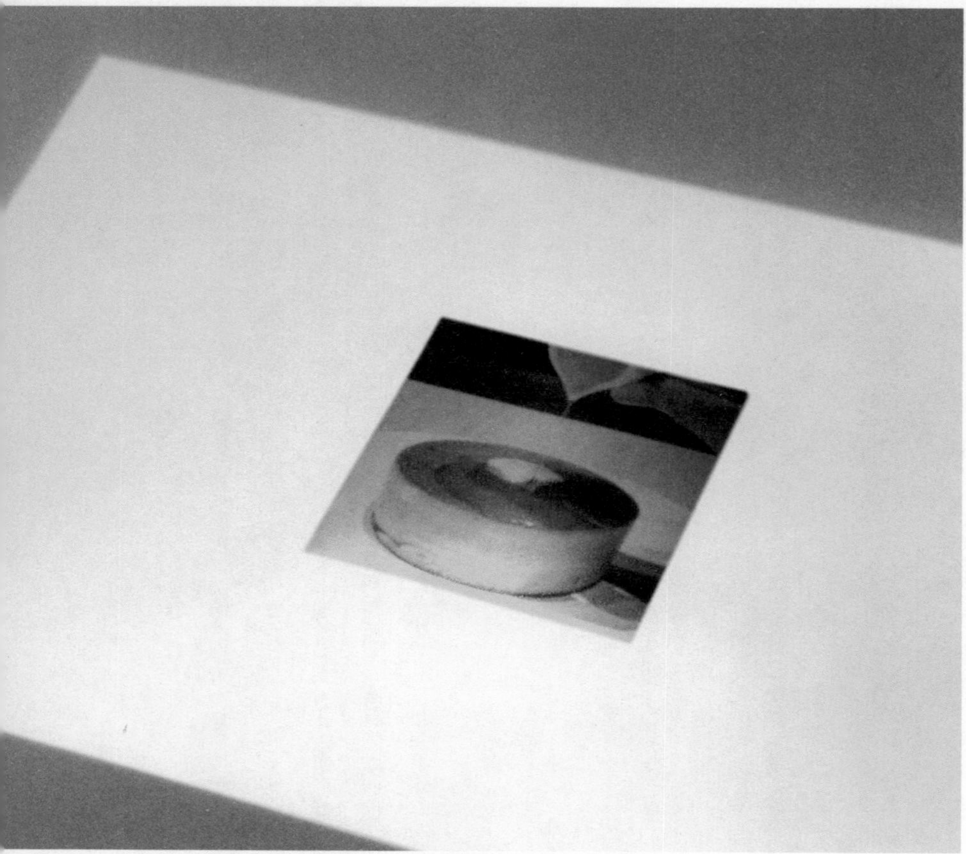

班戟與年輪蛋糕

◎ 日本
◎ 西洋文化
◎ 甜品

從前，老生常談的其中一個社會現象，是說城市人為了追逐潮流而迷失了自己，枉花時間金錢，買一大堆時髦服飾玩具，換了季便從此被擱在衣櫥深處，然後又去買新的。這種現代化生活的惡性循環，當然是助長經濟活動的原動力之一，但涉事者淪為衣飾奴玩具奴，生命意義減少，生涯規劃荒廢，在善用人力資源的角度來看，其實也是種累積的經濟損失。這相信也是長輩們苦言相向的原因。

我自己並不百分百同意上述的觀點。中國人從來對「玩意」抱負面態度，但其實玩得認真負責，也可由玩物喪志變成玩物壯志。君不見今天許多改變人類命運的發明，都是源於一時的貪（玩）念。只是過猶不及，適可而止之餘，更應誠實虛心，玩耍才不會變成用來躲懶和逃避現實的手段。

說回趕潮流這事兒，今天的「弄潮兒」，已經不止於時裝的範圍。只要是消費品，就有潮流元素；手提電話便是個最佳例子。能夠讓人看到的，能夠滿足被關注的虛榮和被認同的虛情的，便自然有流行元素和商機在其中。而近十幾年來的新興潮物之首，就是飲食。

當社交媒體成為人的虛擬存在憑證，拍攝自己吃過的東西與認識或不認識的人分享，成為了不少人的生活日常。應運而生的飲食潮流，可說是飲食業從沒出現過的革命性變化。上鏡的食品，從此登上搖錢樹的寶座，身價百倍上升，名氣千里遠揚。世上恐怕沒有比來自日本的商家更能掌握這股風潮，加上香港人絕對盲目崇東洋的德性，尖端日式潮食在我城，已經接連掀起過一波又一波的熱浪。抹茶、拉麵、芝士撻、炸豬扒飯……朝拜者絡繹不絕，已經成為了一種強烈的消費次文化。而最新的一浪，是由一種非比尋常的早餐熱香餅帶動，正在猛力黏着本地一眾甜牙齒。

這近來大行其道的品種籠統被稱為「日式班戟」，特色是它的厚度和鬆軟度。班戟作為西方世界經典早餐項目之一，早已名聞國際。北美式以量取勝，把很多片煎得焦黃的熱香餅層層疊疊，以一大坨牛油冠頂，再澆上大量楓糖漿的畫面，隱隱代表着經濟最強國的豪奢生活，散發着過度富足的狂妄自負。日本人因為文化差異，冷靜專注地分析與隔離這樣吃班戟的粗鄙土豪之處，改造出趣味與食味都遠較北美式優勝的優雅版本。就是這份從平凡中提粹出的優雅，把本來已經挾持了不少虛幻遐想的老式班戟，成功收歸日本普及文化之下，用更輕更軟的質地，送了亞美利堅巨人一記響亮的耳光。最妙之處，是一眾歐美年輕社交網絡新生代，吃過日式版本後無不心悅誠服。這種軟實力的較量，近世日本確實節節領先。回看炎黃子孫，今天任你如何身纏萬貫財大氣粗，亦只有傻兮兮隨尾而行的份兒，連幼兒班的程度也趕不上。

這來自東洋的班戟浪潮，最新一波拍打到銅鑼灣希雲街，由過江猛龍「雪ノ下（雪之下）」香港分店掛帥。她們的招牌班戟，用銅圈慢火半煎焗而成，除了外觀比其他店的梳芙厘（soufflé）班戟要整潔美觀，也因為以長時間來烘熟，質地更像蛋糕之餘，亦避免了一般常見熟不透心的弊端。其實日式班戟與傳統班戟的最大分別，是前者參考梳芙厘的作法，把發起了的蛋清加入麵糊中，和合泡打粉與蘇打粉的助力，成就了綿軟輕盈的質感。

雪之下的班戟，對我來說更像小時候很喜歡吃的「克戟（hotcake）」。我的克戟初戀體驗，場景是上世紀七八十年代美孚新邨的「南亞餐廳」。那種很純粹的，來自熱力給雞蛋、麵粉、牛油、糖漿發放出來的美味呼喚，是幼年的我完全無法抗拒的。它比班戟踏實笨重，但味道和食感上卻更加大鳴大放、理直氣壯；這也是我為它着迷的原因。自從美孚「南亞」關門，其他老式馬來餐廳閉店的閉店，變質的變質，我的心愛克戟早成絕響。那天在雪之下隱約尋回兒時回憶，說真的也是無限感慨。

與兒時回憶無關，另一款在日本發揚光大的西方甜品，還有「年輪蛋糕」，日本人稱為「バウムクーヘン」，正是其德文原名「baumkuchen」的拼音。相信絕大多數香港人跟我一樣，身邊都有許多熱愛到日本旅遊的朋友。他們各自有不同方向的旅遊心得，茶餘飯後談起，人人都有一大堆心水熱點，合起來去一百次日本也體驗不完，說實的是教人聽得有點迷惑。當中我比較會認真記錄下來的，都是吃的地方，近年更差不多只專注於廉價的平民粗食和歐西糕餅。除了因為根本沒有可能靠自己的能力去預訂得到一座半席，本人亦命只有一條、胃只得一個，加上荷包的壓力，對媒體吹捧得火紅的明星食府也委實無能為力。追尋平民粗菜的原因簡單明確；而歐西糕餅除了是本人所好，也因在歐洲以外，只有日本做得像樣，而且款式繁多，不乏香港難得一見的傳統異稟。就說年輪蛋糕，它早年在日本大行其道之時，香港人還只懂個屁。不是靠連在日本都已經全線結業的崇光百貨，其銅鑼灣店地庫有家「Juchheim」，港人要吃便只能像九十年代的我，指望朋友願意在已經拆遷的銀座松板屋，排隊買「ねんりん家（年輪家）」的出品帶回來香港。

年輪家是我認識年輪蛋糕的入門品牌，而 Juchheim 才是令這種工序繁複的德國甜點，在日本發揚光大的老店。但原來其始創人 Karl Juchheim，最先是在中國着陸的，在當年屬德國勢力範圍的膠州灣居住，買下了一家位於青島的咖啡店，在那裏創業，烘焙德國式糕餅。因為戰亂及種種原因，Karl Juchheim 最終在日本定居，發展他的德國式糕餅甜品王國，還令家鄉美食年輪蛋糕，成為全日本家傳戶曉的「洋菓子」代表之一。

年輪蛋糕屬 spit cake 的一種，即麵糰貼在旋轉軸上，用好像烤串燒或法式旋轉烤雞的方法，在炭火上烘熟的餅食。它的做法十分費時，要把由蛋、麵粉、牛油和糖做成的麵糊，掃在旋轉軸上烤烘。烘好一層再塗另一層，如此重複起碼二十到三十次。麵糊最後「生長」成粗大的通心圓柱，有若大樹的年輪一樣，橫切面可以清楚看到環環漸進的金黃，吃起來有它獨特的質感與香味。年輪蛋糕的最外層，可以塗上糖霜或巧克力漿，吃的時候配些原味忌廉已經很足夠。因為製作過程費時費力，傳統都是出現於節日的食桌上。譬如德國婚宴，從前就會有年輪蛋糕；聖誕節也普遍會找到它的影蹤。或許從今以後，大家也可考慮換換口味，聖誕節吃年輪蛋糕來應節。

「年輪家」的特色「山脊年輪蛋糕（Mount Baum Kuchen）」是我那年代最喜歡的年輪蛋糕版本

馬卡龍與冬甩

二〇一七年某天，可能因為自己的弱點突襲而來，束手無策心情異常，因而倏地在社交媒體平台上，萌生了以「#過氣達人」為題的一系列瘋言瘋語。這極可能只因眼紅別人常常發些頂尖、新奇又趨時的「飲食情色照」，配上第一手興奮體驗帖文，於是撩起內心那團幼稚但兇猛的妒火。美其名「過氣達人」，說穿了都不過是自己採取被動地主動、以退為進的髒手段，表面上控訴今天消費者貪新忘舊，把一些食品先捧成天上明星，熱情過後卻又頭也不回不屑一顧，把它趕盡殺絕。但實際上，如此咬牙切齒，又怎可能沒有包含借題發揮，以掩飾仇視別人風光之嫌呢？

最近，我這種病態心理又作祟了。今次被我無辜利用的，先是已經放棄了香港，或說已經被香港放棄了的 Ladurée。曾經，她的粉嫩色彩，令不少OL及其同類尖叫狂呼。曾經，她是時尚場合最炙手可熱的紅小吃紅賀禮，人人爭相與

◎ 法國　◎ 潮流效應
◎ 美國
◎ 甜品

她和她的招牌禮盒合照，然後在社交媒體上獻媚釣譽。只是，這些狂熱早已蟬過別枝又再過別枝不知多少次。

歸根究底，都因為大部份錯愛，只源於寂寞空虛都市人趕時髦的苦活。當時看見一盒盒粉紅粉綠，瞪大眼睛怪叫的仁兄仁姐，九十巴仙以上都不知馬卡龍為何物，更遑論對法國甜食的丁點基本認識。只是看到包裝上的蕾絲花邊圖案便對號入座，相信只要手中有一盒口裏含一顆，便可獲得可愛教主的名銜。可憐店家只不過如實把一片巴黎移植過來，卻因錯判香港客人的消費道德與道行而慘遭滑鐵盧，最終落得黯然離場。

容我在此自誇一下：Ladurée 是一位前輩作家在巴黎帶我見識的。那是法國著名糕點師 Pierre Hermé 在東京創業有成，衣錦還鄉在巴黎開設自家品牌的年代。所以 Ladurée 在香港開店時，我高興的其實是從此以後，不用託朋友從巴黎倫敦或東京帶些小圓餅給我。怎知不過幾年光景，一切又回到原點。反而，現在我回溫哥華老家，卻可以去她位於市中心的分店，買些新鮮的和家人分享。只是不知這抹巴黎之色，還可以在這個一半受法國文化影響，更被近年東亞暴發金潮鏽蝕的北美大國撐多久。

我是個嗜甜的人，從來不會對甜食存有階級觀念。不管高檔中檔還是低檔，所有甜點在我眼中都同樣可愛。我知道有些人喜歡馬卡龍，是跟崇尚歐洲文化，媚眼巴黎貴氣捆綁在一起的，反而跟味道食感沒甚關係。馬卡龍個子嬌小，主要由杏仁粉、蛋清和糖烘焙出來。它外貌五顏六色，加上比精品果醬更細膩的餡料，仕女們一口一個點心逸趣，的確是種洋氣的高級食品。

我個人就當然對各家各派的傳統及創新皆趨之若鶩，而且往往真心享受它那獨一無二的質地，以及糕餅師們巧製的夾心餡料。只是，當初我容許自己喜歡上馬卡龍時，心裏一定有若干虛榮的成份。我因此更着意觀察了解，而得見部份人如何在有意無意間，借它來為自己和別人平凡刻板的生活，添加像綺夢一般飄飄欲仙的異彩。

馬卡龍其實不只得一種。我們今天在有若珠寶店的甜品店看到的形式，有說是臭名遠播的末代法國皇后瑪麗．安東尼特（Marie Antoinette）「發明」的。在此之前，馬卡龍是種個子大點，樣子平實得多的家常夾心餅乾小食。當然，我們今日看到的巴黎式七彩馬卡龍，也不可能是瑪麗皇后吃過的模樣。那時候的廚房設備與技術，是很難做到這個水準和一致性的。這都是花都各大糕餅翹楚，如 Ladurée 這種高級店舖在近代研究改良而成的。

之前說我對甜品一視同仁，在哀悼香港的 Ladurée 之時，我其實內心更惦記着 Krispy Kreme 和她的甜甜圈。甜甜圈這叫法，是大學時代沉迷村上春樹，在台灣譯本的字裏行間拾人牙慧的。這之前，冬甩（doughnut）對於我來說，就是「糖沙翁」。小時候，在最地道的港式麵包店，會有些出奇地洋氣的點心——泡芙、蝴蝶酥、拿破崙、登地（Dundee）水果蛋糕，還有沙翁。但我們的沙翁質地厚重，不及現代北美冬甩般綿軟輕盈。而當中最綿最輕的，我自己覺得就是 Krispy Kreme。

所以，當年 Krispy Kreme 在香港曇花一現，我先是懷着興奮的心情，在銅鑼灣排隊吃鮮製現做，入口還有油炸餘溫的原味糖霜（original glaze）。然後，我懷着不捨的心情，與幾個KK粉絲一起，到她們最後一家在機場二號客運大樓的店，臨別秋波狂吃一頓，還買了印着「Hong Kong」的品牌經典美式咖啡杯留念。

KK為甚麼未能在香港開花結果，原因我不敢妄下判斷。有說她開得太快太多，有說因為金融風暴。我卻覺得問題核心，還是在於香港人普遍恐甜。在一個滿街甜品店都以「不甜」作招徠的城市，哪裏會有正宗口味甜甜圈的立足之地？近年有另一冬甩連鎖登陸香港，我去吃過，一點甜味也沒有，猶如在吃麵包。因此，我想這家店是可以成功在香港這個一切都扭曲變形的地方撐下去的。

班尼迪蛋與荷蘭汁

搞了百幾二百年，由十九世紀西方列強「滾攪」東亞起，一路下來段段有血有淚的歷史，包含了失敗的「洋務運動」和成功的「明治維新」等對後世影響深遠的大事。事過境遷，我們彷彿脫胎換骨，較幾代前的舊中國人似乎「文明」了不少；只是，沒有變的，是人性和奴性。講兩句外文，穿一身來路時裝，乃至吃一頓早午餐兩客下午茶，以為過洋氣生活便高人一等，這種根深蒂固的自卑，今天依然是主流。洋氣不是問題，看日本人銳意破舊立新，不單是擺出表面化的洋氣姿態，而是認真思考西方文化的好處，以借鑑來改變自己民族的命運。反觀我們，學兩句饒舌、孭兩個包包，便大搖大擺大吵大鬧，以為山雞已經變鳳凰。如此幼稚可憐的行徑，又豈能救家救國，救自己的尊嚴呢？

說起早午餐，不知為何近年成為新潮港人的周末重點節目。從前，無論是家人

◎ 美國 ◎ 蛋
◎ 英國 ◎ 煙肉
◎ 早餐 ◎ 鬆餅

或朋友，星期天聚會準是去酒樓飲茶吃點心，這也就是我們最有自家風味特色的「周日早午餐（Sunday brunch）」。無論吃的喝的、談的笑的，都隱含本土的意識形態與生活情懷。由蝦餃燒賣過渡至「班尼迪蛋（Eggs Benedict）」，當中的「改革開放」除了標示着淡化傳統、趨向單一的消費取向，亦幾乎是種尋求自我感覺良好多於實質生活感知的虛無。

我當然不是想說，班尼迪蛋不及蝦餃燒賣般適合成為周日明星菜。其實，它是既好吃又有營養的好東西，我只是看不過人們吃時不知就裏，還自以為很 high 的那副德性。一份班尼迪蛋，跟蝦餃燒賣一樣，蘊藏了重要的烹飪基礎技術。例如上面的「荷蘭醬汁（hollandaise sauce）」，主要由牛油、蛋黃和檸檬做成，是五大法式基礎醬汁之一。它與班尼迪蛋

香港文華東方酒店「文華扒房」的「班尼迪蛋」

的結合，算是西洋食桌上的佳話。另一主要材料「水波蛋（poached egg）」，也是西洋廚藝其中一種經典的煮蛋方式。

傳說源自紐約的班尼迪蛋有很多變奏，除了在半邊英式鬆餅上放火腿或加拿大煙肉的原裝，也可改放煙熏鮭魚變成 Eggs Royale，或改放煮菠菜葉變成 Eggs Florentine 等等。其實，我自己常有一個疑問：那墊底的鬆餅，究竟是 English muffin 還是 crumpet 呢？從此菜來自美國來看，似乎應該是美國流行的 English muffin，多於傳統英國威爾斯式 crumpet。不過，會去注意這對大部份人而言無關痛癢的細節的人，相信只屬極少數。所以，把 muffin 換成 crumpet，我想大家還是會一樣開懷大吃的吧。

英式鬆餅

農曆新年假期，未正式開工大吉前不敢工作，生怕招來一年霉運。不習慣這每年只有數天的強迫性投閒置散，一向盲目埋首的港人如我，停下來只得胡思亂想。同時，拜年活動也不多，皆因親友數量根本少。平時難得一見的「後輩」，不論遠近親疏的，通常都會在這幾天無奈現身。看到他們隱隱流露着不情願，也很體諒年輕人配合傳統價值，犧牲假期玩樂的苦況。嘗試與他們談天，卻又是話不投機半句多。赫然發現，一眾零零後已不知不覺長大成人，他們，就是完全沒經歷過英國殖民時代的新一代香港人。

我也不想以港英餘孽為榮，只是歲月如梭，忽然被現實狠狠拍醒，未來得及回過魂來就是。回想那段歷史，對我輩的生活信念與文化血脈，的確起了不能逆轉的深層影響。我愛吃，在這方面的感覺尤為明顯；對利賓納、羅拔臣、能得利、保衛爾、白蘭氏、吉百利等這些英國普及飲食文化輸出，抱有莫名的親切

◎ 英國
◎ 鬆餅

感，便是最佳證明。從前香港還有「天祥（Dodwell）」，中學謝師宴，我第一次自己買襯衫赴會，就是旺角天祥。英資的天祥百貨早成歷史，今天還留在這日不落帝國失地的，還有「馬莎（Marks & Spencer）」。馬莎近年積極拓展飲食超市業務，已變相成為英國飲食文化大使。除了貨源不少來自大不列顛，食品也多有英倫特色，不少在殖民年代也許還未如此高調登陸過。

到馬莎的食品雜貨店，可以找到地道英國家常口味。前文提到的班尼迪蛋，雖是美國菜，但用了「英式鬆餅（English muffin）」，令它的國籍問題耐人尋味。世上有兩種樣子很相似的早餐鬆餅，我一向還以為它們是同一物種，只是英美叫法有異。因兩地同講英語，同一食品有不同名稱，早是膾炙人口的文化趣聞。但原來，我一直以來都錯得很離譜……

這兩個名稱，說的是English muffin與crumpet。愚昧的我，最近才知道它們原來大有不同。雖同屬英國本土包點，質地、形態及做法卻都有分別。前者比較接近麵包，沒後者濕潤黏韌。後者底部平，朝天一面呈蜂巢狀，吃的時候不會像底面皆平的前者般水平切成兩片。兩者質地上的分別，主要在於 crumpet 除了放酵母，還用了小蘇打（食用梳打），在熱板或平底煎鍋上，有若班戟一樣煎成，但只煎一面。English muffin 也通常是醒發後先慢煎，但一定底面也煎，而且煎過後多數還需要放入烤箱中烘熟。其實，它在英國只叫 muffin，是作為班尼迪蛋不可或缺的主料，在它大行其道的北美洲才畫蛇添足，被冠上「英式」之名而已。

茶餅與消化餅

◎ 英格蘭 ◎ 餅乾
◎ 蘇格蘭
◎ 甜品

英倫飲食文化，一向是國際間用作竊笑這泱泱大國的熱門切入點。當一個民族一個政權，在國際舞台上強勢慣了，即使有一切足以服眾的成就與氣度，但始終樹大招風，惹來神憎鬼厭

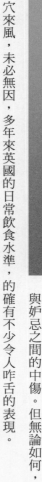

也是自然不過的事。這包括有根有據地不齒她的手段行徑，亦有出於羨慕與妒忌之間的中傷。但無論如何，空穴來風，未必無因，多年來英國的日常飲食水準，的確有不少令人咋舌的表現。

曾經作為英國殖民地的香港，那年代不但植入英國制度、官員和商賈，也順便植入英式飲食習慣的點滴。對於有錢有權的殖民時代上等人，英式下午茶應該是英國最成功的文化輸出。於平民百姓而言，那時候有機會品嚐高檔下午茶的沒有幾人。反而不少英國製造的「shelf stable food（耐貯存食品）」，慢慢地佔據了士多辦館的櫥櫃，隨後更主導了超級市場的貨架，成為時代性的獨特香港風土人情。

想起來真是千絲萬縷。如利賓納、葡萄適、吉百利、立頓、川寧、羅拔臣、積及、保衞爾、白蘭氏等等，都是我們舊時生活的一部份；今天，它們依然活在香港人的日常裏。許多來路小吃人吃人愛，都是殖民時期的英倫味道，是一種不知不覺間入侵本港的飲食次文化。

我們家裏常備的乾糧，不知何年何月起，漸漸由中國化的光酥餅，換成洋式餅乾糖果。歐洲來的包裝食品在市場上廣泛流傳，當然是主要原因。生活習慣隨着外來的新東西而改變，各種西洋化的衣食住行，也同步成為社會主流。正餐之間肚子餓時，吃塊英式餅乾喝杯西冷紅茶，在香港早已見怪不怪。假若今天還拿嚤囉酥牛耳餅出來，大家反而不習慣。

然而，我們對彼邦的小吃文化，始終只是管中窺豹。那天看當紅節目 *The Great British Bake Off*，評判要參賽者做一樣叫「tea cake」的甜點。參賽者全是來自不同郡邑的不列顛人民，當中對何謂 tea cake，竟有截然不同的解讀。一位來自蘇格蘭的參賽者表示，對他而言，tea cake 是一種用印上紅色圖文的銀色錫紙包裹着，一個近乎球形的，外層是牛奶巧克力，內裏是一團白色棉花糖坐在一件餅乾上的經典 shelf stable food。他所說的，就是由超過百年歷史的老字號餅店「Tunnock's」發明的一款馳名零食。

Tunnock's 是一家於一八九〇年在蘇格蘭格拉斯哥市外，一個名叫 Uddingston 的地方創業的烘焙店。創辦人的父親是個棺材匠，店鋪經歷了好幾代人，走過兩次世界大戰，見證日不落帝國的興衰浮沉，也創作了不少蘇格蘭人家傳戶曉的點心甜品。「Tea cake」，這裏我姑且叫它做「茶餅」，便是其中之一。它深入民心的程度，我覺得有點像「乖乖」之於臺灣人，或者花占餅之於香港人一樣。

這個牛奶巧克力 × 白棉花糖 × 餅乾的經典小吃，是 Tunnock's 第二代傳人吩咐他的幼子去思考創作一個新產品，於一九五六年交給世人的一份功課。那位幼子就是 Boyd Tunnock，公司的第三代傳人，分別獲得 MBE 及 CBE 勳銜的榮譽，以表揚他和 Tunnock's 為大不列顛所作出的貢獻和成就，與及他對慈善活動的鼎力支持。

這個小小的茶餅，確實在蘇格蘭近代普及文化中佔一席位。但節目組一不小心以英格蘭文化為大，未及對歷史遺留下來的英蘇深層文化差異具備應有的警覺性。出題的人明顯只是一股作氣，依據劍橋英文字典，把 tea cake 解為「a small, round, sweet cake containing dried fruit, often cut open, heated, and eaten with butter」，而忽略了大不列顛北方國民的生活品味細節與英格蘭有所不同，傷及了兩地人之間的感情，引起了網上的好些微波漣漪。

其實，在列斯發跡，現在遍佈全英國乃至世界各地的當代英國零售企業代表之一「馬莎百貨（Marks & Spencer）」，就有出品茶餅。他們沒有根據正統的學術定義去做，而是完全以 Tunnock's 的發明為藍本，都是牛奶巧克力包裹着棉花糖和餅乾底。同樣，我自己也從來沒有吃過劍橋字典上說的那種茶點；從字面上來解讀，我會想起有葡萄乾的司康餅（scone）。而司康餅，其實也是一種源自蘇格蘭的烘培品。

英國人自從由印度和中國接觸到茶，從此改變了他們的飲料喜好。英國人與茶的不解之緣，在英式飲食習慣中可以清楚看到。下午茶和早餐茶當然街知巷聞；許多英式混合名茶，如「伯爵紅茶」也早已成為全球性受歡迎的飲料。上面一直在談的茶餅，也是跟茶這東西有關。而另一喝茶時的良伴，要數香港人都很熟識的「消化餅（digestive biscuit）」。

在我中小學的年代，也不記得從哪時起，香港忽然興起一個吃茶點的方法。不論下午也好深夜也好，反正在正餐以外的時間，如果覺得肚子餓了，弄一杯熱奶茶或者熱巧克力之類，然後拿一兩片麥維他消化餅，快速浸入熱飲中，就立即拿出來送入口裏。消化餅千萬不能浸得太久，只能待一秒半秒，不然餅乾很快溶掉，令熱飲變得有點像麥皮似的，那就不再是個趣時又開心的吃法了。

溶掉的消化餅，在熱飲中依稀有麥皮的感覺，這說起來其實很合理。因為消化餅的材料，主要包括粗棕色麵粉（brown meal）。這種麵粉有高含量的穀殼和麥胚，烘出來的消化餅有自然的甘甜味和顆粒感。這種顆粒感遇上熱牛奶，當然會引起對麥皮質地的聯想。粗棕色麵粉是不少蘇格蘭傳統烘焙品的主材料。無獨有偶，消化餅跟之前談及的茶餅一樣，都是源自蘇格蘭。聞說那是兩位蘇格蘭醫生，在一八三九年想出來的點子。因為最初的食譜中，用了碳酸氫鈉（sodium bicarbonate），它類似食用梳打，當時普遍認為有抑制胃酸、幫助消化的功效，因此這種餅乾就名正言順的叫作「brown meal digestive biscuit」。兩位醫生發明了消化餅後，食譜輾轉流傳到漸漸由小烘焙店演變成大企業的「麥維他（McVitie's）」。麥維他於一八九二年，依據他們自己改良的食譜，推出了第一包零售的包裝消化餅。從此以後，消化餅風行大不列顛，更名揚海外，不但成為麥維他的代表性產品，更成為了英國民間飲食文化的重要產物。除了作為茶點，不少西餅的食譜，尤其是芝士蛋糕，都會用壓碎的消化餅來作餅底。

但始終，它能脫穎而出成為英國國民的風土小吃，應該跟它和英式紅茶的口味絕配關係最大。根據非官方非正式的趣味性統計，二〇〇四年全英十大浸茶餅乾之中，麥維他原味消化餅穩佔第四位。別以為只得第四位，它便無緣稱霸，皆因第一位的，原來是它的同族近親「Milk Chocolate Caramel Digestives」，其實同樣是麥維他的出品，是自一九二五年推出巧克力消化餅後的無數變種之一。最新的變種，就是二〇一七年才上市的「Digestive Thins」，現在香港也可以買得到。

小時候，我和我媽媽都覺得，這個消化餅跟「消化」真不知有何關係。寫這文章時做了點功課，知道發明這個餅的初衷的確跟幫助消化有關。但是，究竟它是否真的有效？其實碳酸氫鈉在遇水及烘焙過後，早已失去抑制胃酸的能力，更遑論幫助消化了。

Sachertorte

想當年，猶幸家裏有台並非如今天般「普遍及必須」的鋼琴，加上父母豁達開明，我才得以五歲不到的低齡，便有機會每星期到老師家習琴；之後不到幾年，又考入香港兒童合唱團。雙親對我的厚愛，畢生銘感於心，只是當時年紀還小，任性妄為不懂珍惜。鋼琴只練自己喜歡的樂章，沉悶的基本功就完全逃避，搞得今天在音樂知識和能力上，連半桶水也不如；兒童合唱團更是未到半途便告放棄，原因只是每週的排練感覺乏味，加上自己性格孤僻，團裏交不上朋友，最後鬧彆扭不肯繼續，白白浪費了機會。

然而，兒童合唱團的經驗，也不是全無得着。它不僅為我日後積極參與聖堂和學校合唱團遙作準備，也非常間接地幫助了我的演唱會和音工作。曾經蜻蜓點

◎ 奧地利　◎ 蛋糕
◎ 維也納
◎ 巧克力

水式的參與，亦足夠令我對童聲合唱有點認識。回憶少年時代，這範疇內連在香港也街知巷聞的勁旅，一定非「維也納少年合唱團（Vienna Boys' Choir）」莫屬。也因如此，加上「音樂之都」的銜頭，年輕時對維也納有著近乎宗教性的景仰之情。但說也奇怪，無論是當年，還是長大後從事音樂工作的這些日子，對踏足維也納的意欲，可說是近乎零。反而是開始了飲食文章寫作後，才萌生到此一遊的念頭。

不得不承認，我主要是被她的甜食吸引。縱使不少友人對旅遊維也納負評如潮，我二〇一六年還是一鼓作氣的去了一趟。對西餅有真愛的嗜甜者若我，概念上應該知道奧地利和花餅之間的一點傳說及淵源，特別是首都城裏，更是不少傳奇甜點的故事場景。德語區的著名甜點，香港人可能只知「蘋果卷（apple strudel）」；其實要數維也納最具代表性的餅食，可能「沙加蛋糕（Sachertorte）」才是獨佔鰲頭的一位。

這款歷史悠久的巧克力甜點，傳說是維也納歌劇院對面地標酒店「Hotel Sacher」創辦人的父親 Franz Sacher，於一八三二年（那時他才十六歲，是個學徒）奉當時的奧地利帝國外交大臣梅特涅（Metterich）的命，代患病主廚去創作的一款宴客甜點。結果，這個杏桃果醬夾心、外層是光面巧克力糖霜的濃味蛋糕，深得各達官貴人的喜愛，梅特涅便把此餅命名為「Sacher」。今天，雖然酒店早已易手，但店內的沙加蛋糕，依然遵照古法製作。沙加蛋糕的另一特色，是它好像我們的傳統蓮蓉月餅一樣，成品包好放入木盒中，在常溫下可保存一段時間，很適合帶在路上。當地人最喜歡配淡忌廉，再伴維也納式牛奶咖啡（Wiener Melange）一起吃，平衡它的濃郁味道。沙加蛋糕是風行全球的經典西餅，世上千千萬萬的甜點店都有做自己的版本，例如在東京各大百貨公司的食品市場，必定有它的影蹤。在香港其實也不難找到，只是大家沒有留意而已。

Joconde sponge

◎ 法國
◎ 蛋糕

前面的文章中，提過 *The Great British Bake Off* 這個電視節目。其實，喜歡觀看這個節目，除了因為自己不幸地蘊含了港英餘孽的壞基因，也由對食物文化的好奇心所致。每輪比賽

中，題目都會包括一些測試參賽選手們基礎烘焙知識與技巧的挑戰，當中可以學習到不少製作甜品麵包的專有名詞。不似某些烹飪比賽，只重視星廚評判誇張的情緒反應，和對參賽者之間真假難辨的幼稚勾鬥，所抱的隔岸觀火態度。

有一次，比賽中提到一種叫做「joconde sponge」的東西。我在外語根基不良，加上電視揚聲器音質也不良的情況下，差點沒把它錯聽為較多香港人知道的「chiffon sponge（雪芳海綿蛋糕）」。明查暗訪下，終於知道了它的正確寫法，那才開始認識這種在不少複合式甜品裏都可以找到的重要「蛋糕建材」。

「Joconde sponge」，又叫「biscuit joconde」，沒有一個公認的中譯，源自法國的它，法文也叫作「la joconde」。有趣的是，當今世上最有名的畫作《蒙羅麗莎》，法文標題也是*La Joconde*。先說明一下，《蒙羅麗莎》這個廣泛流傳的畫題，來自英語／意大利語「Mona

Lisa/Monna Lisa」，意指「麗莎女士」。

藝術史研究者們普遍認為，達文西在畫中描繪的對象，是當時意大利翡冷翠富商 Francesco del Giocondo 的妻子，本名 Lisa Gherardini，跟隨夫姓被稱為 Lisa del Giocondo。在意大利語中，Giocondo 除了作為姓氏，也跟英語的 jocund 和法語的 joconde 意思相同，指歡樂的、愉快的，而 Gioconda 則是它的女性寫法。因此，這幅畫像的另一個意大利標題 *La Gioconda*，是拿麗莎女士夫姓 Giocondo 的一語相關，俏皮好玩，法語的 *La Joconde* 則是由此轉變而來。

而糕點世界的 la joconde/joconde sponge，也是一種為不少人帶來口福之樂的基礎蛋糕，不少膾炙人口的經典法國甜品，也用到它作為重要組成部份。它是一款薄而軟的烘焙蛋糕，主要由杏仁粉、麵粉、糖霜、雞蛋及澄清牛油製成。Joconde sponge 的杏仁粉含量高，用上的雞蛋及蛋清份量也不少，成品不但充滿可以吸收美味汁液的小孔，而且質地綿軟富彈性，亦具相當柔韌度，可以輕易塑形不會破裂。

用 joconde sponge 做的明星甜點中，最有代表性的要數「opera cake」，有人把它翻譯成歐培拉蛋糕，是一種混合巧克力、特濃咖啡、橙酒及杏仁蛋糕的經典甜點，亦是巴黎老牌糕餅店「DALLOYAU」鎮店之寶。這個層層疊疊的美味糕點，相傳是由 DALLOYAU 的傳人發明，也是由 DALLOYAU 最先推出市場，繼而被世界各地的糕餅業者追捧效法，名聞天下。在香港，要吃歐培拉蛋糕，大可到本地各家 DALLOYAU 分店，一嚐此餅的正宗風味。

牛角酥

酥皮是很奇妙的食物。跟其他林林總總的食品工藝一樣，酥皮的製作，簡直是只有天才才能想得出來的精細巧妙。小心翼翼把油脂夾在麵糰裏，再反覆摺疊，然後精準地烘焗出一頁又一頁金黃脆薄，線條分明得如書本一樣的美麗與美味。世界不同地方不同民族，各自發明和發展出別樹一格的酥皮製品，鹹甜兼備童叟無欺。不論是南亞的 Roti、中東的 Baklava、還是淮揚的酥餅，雖然能吃出不一樣的樂趣，但追溯本源，全都是油與麵揉在一起的古老勾當。

從這個勾當衍生出的萬千佳麗之中，今天最廣傳於世的，想必是法式烘焙師手中巧弄的「牛角酥」。「Croissant」這個法文名字，今日已經普及得連不懂法語的人也琅琅上口，原意為新月形的麵包，香港人發揮不一樣的想像力，叫它「牛角包」。臺灣比較忠於原文，喜歡以音譯讀作「可頌」；而它也確實是可歌可頌。內地同用上述的兩個叫法，但也會寫成「羊角麵包」或「新月麵包」。

◎ 法國
◎ 包點

無論怎樣叫它，牛角包都幾乎是無人不知，深深地植入不少華人的現代化日常生活之中。但雖如此，我卻觀察到大部份香港人，其實不太清楚牛角包的標準形態和味道為何。我幼年時，街坊鄰里的麵包店已有牛角包供應。那種港式口味，多是包芯濕軟重實，外皮不酥脆且顏色淡黃，較像牛角形的法國甜包「布莉歐（brioche）」。可能因為那時候港人還停留在價低量足的飲食初階，一面倒只關心表面的個人利益，一隻輕飄飄的、吃不飽人的牛角包，肯定遭自命精明的港客臭罵兼退貨。所以把牛角包本土化成這個笨重的樣子，也許只是息事寧人的折衷辦法。

在法國，牛角包是當地人精神與肉體的重要食糧。喜歡看法國電影，嚮往法式生活的朋友，相信有留意到以飲食文化聞名於世的法國人，早上都只是一碗牛奶咖啡加一件烘焙麵點。麵點可以是枕頭麵包，也常見牛角包或同類例如「巧克力酥（pain au chocolat）」。這一碗熱飲伴一隻酥餅的早餐組合，我常覺得是江南人士早上吃豆漿油條的異曲同工，是兩個最懂吃的民族一日之始的明智之選。大家都知道，油條要求質地輕盈香脆，哪有喜歡吃厚實如麵包一樣的油條來配豆漿呢？所以，牛角包也應該以相同的姿態來達到同一效果，才是正經事。

要知道怎樣才是一隻好的牛角包，首先要知道它的製作過程。牛角包是法式烘焙大系統中，一個名為「viennoiserie」的主要分流。在傳統的法式烘焙店，經常可以看到這個法文名詞，在店面或招牌的某個位置出現。心水清的朋友，就算不懂法文也能認出它明顯包含了「Vienna（維也納）」這個地名在其中。那是不是就等於這些酥皮製品，就是從維也納引進到來，都是源自奧地利的傳統烘焙技術呢？事情又不是如此簡單直接。

據說在一八三七到三九年間，巴黎出現了一家小烘焙店「Boulangerie Viennoise」。這店由一名來自奧地利的軍人 August Zang 所創立，把維也納的一種由白麵粉摻加酵母製作而成，較傳統法國麵包要輕盈和快速發酵的新品種帶給巴黎的食客。這是傳說中一切 viennoiserie 的起源，而這種法國人今天經常拿來當早餐吃的包點，雖說是源自奧地利，但依然可以肯定是由巧手的法國麵包師傅們優化改善，才成為今天的面貌的。而這類別的兩大台柱，牛角包及上文也提到的布利歐，亦早已成為法式麵包的代表作。

除了常常看到 viennoiserie，在法式麵包店還會出現「boulangerie」和「patisserie」這兩個名字。籠統地用港式中文邏輯來區分的話，最簡單易明的說法就是前者是麵包、後者是西餅。傳統法國烘焙技術，有分「boulangerie baker（麵包師）」和「patisserie chef（糕餅師）」兩個工種。我們也可以粗疏地如此理解：麵包師的地盤是烤箱，靠着把熱力拿捏得精準的技能，烘出千萬種踏實美味的麵包；糕餅師較多處理冷凍材料，能得心應手地運用水果奶油之類，配合烘焙製品而做出好看又好吃的花式糕餅。

而 Viennoiserie 便是一種介乎兩者之間的手工藝製作，需要如糕餅師般，靈活地把冰凍的牛油，層層疊疊地鋪摺入同樣冰凍的麵糰之間；然後又需要像麵包師一樣熟練地掌握爐火，把全憑牛油分離的千頁酥皮，烤得焦香鬆脆。所以，一隻俊美的牛角麵包，外表應該是焦糖色，而內裏的酥皮也要層次分明，包芯充滿蜂巢般的空間，咬下去外層吹彈可散，內層輕巧而帶着牛油香。在一般非法式傳統製作的麵包店，那些淡黃綿韌的所謂牛角麵包，只能說是東施效顰而已。

免治批

我起初常常不明白，為何許多聖誕應節食品，都為大部份香港人所嫌棄。譬如說，「登地水果蛋糕（Dundee fruit cake）」就是個熱門犯眾憎。真不知何來的巨大童年陰影，令這麼多人討厭英式水果乾的味道。我是登地蛋糕的擁躉；只不過作為擁躉也不得不承認，粗製濫造的登地蛋糕比比皆是，若果第一次邂逅的是劣貨，也的確是會影響一生的。所以，我經常堅持從沒接觸過的食品，初嚐一定要吃正宗而質量合理地好的，理解這項發明背後的味道美學觀點，然後才能公平公正地判斷自己是否喜歡。

除了登地蛋糕，還有「英式聖誕布丁（Christmas pudding）」、「意式聖誕麵包蛋糕（panettone）」，甚至連相對容易接受的「薑餅（gingerbread cookies）」，都是本地食客聞風喪膽的節日點心。這情況泰半跟前段所述的原因有關，因為市面上實在有太多希望發節慶財的大小商號，只求人有我有而粗

◎ 英國　◎ 水果乾
◎ 聖誕
◎ 餡餅

製濫造，好分一杯不理智節日消費的羹。結果，有無數聖誕禮物籃裏面的布丁和蛋糕，原封不動被送往堆填區。那些傳統小吃，也年復一年被無辜蒙上污名。

另一悽涼地被「同流合污」的，是再偏鋒一點的「mince pie」。香港人對它明顯沒有文化認同感；曾經吃過的大都表示中伏，從此以後敬而遠之。那麼究竟 mince pie 是啥？其實它也沒有一個公認的中譯名字，許多時只會被叫作「百果餡餅」、「甜果批」，或就這樣不了了之被說成「聖誕批」。那個名字中的「mince」，意思是細剁或搗碎，通常指肉食剁成肉碎，亦即香港人所謂的「免治」，其實就是粵語音譯，「免治牛肉」就是「mince beef」。所以，我覺得把這個 mince pie 譯成「免治批」，其實也蠻有趣味。

免治批來自我們的舊老闆英國，在很久以前也的確是有免治肉餡的。那年代，遠東來的香料果乾是奢侈品，聖誕節用碎肉混合果乾、果皮、烈酒和濃味香料做成餡餅，是吃得富饒的象徵，也是對節日慶典的重視。免治批的餡料傳統上叫做「mincemeat」，今天的版本已經沒有再放肉碎，但還有用動物油脂（suet，即牛或羊的體內脂）來煮乾果而成。乾果一般有蘋果、各種糖漬橘類水果皮、葡萄乾、黑醋栗（currant）等，還會加入糖、香料及白蘭地酒，而且要在瓶子中醃漬好一段時間才能用。

我自己十分喜歡免治批，覺得它的味道複雜而且華麗。其實對於外國朋友，特別是英國人而言，它就是聖誕節的味道了。做得可愛一點的，會以五角星形餅皮作面蓋；家常做的，不用如此花巧，亦可見平實溫馨。聖誕是一家團聚、仰望奇蹟的節日，花巧也好平實也好，只要未忘初衷便不會虛度。

帝王餅

每年到了這個時候，我都會不厭其煩地提醒自己（和惹人生厭地「提醒」他人），聖誕節是個宗教節日。不信教或信其他宗教的朋友，雀躍地慶賀基督降生，就已經夠奇怪了；還要認定這是全年最重要的節日，說穿了也不過是主動被西方普及文化征服，急不及待擁抱環球消費享樂主義的號召罷了。放縱狂歡、大吃大喝、浪費資源，是今日聖誕節和其他同樣被強行商業化的傳統節日的普遍亂象。甚少人會在聖誕博愛行善，去關心不幸地生活在苦難中的人。馬槽裏的聖嬰耶穌，如果知道自己降生的日子，結果給人間帶來這般無謂的墮落，恐怕亦覺自己當年枉以道成肉身。

說回聖誕節，其實有另一譯法「耶誕」，雖然香港人會覺得不太習慣，但確實有它的優點。中國傳統文化中，「聖」並非只有「神聖」的意思，「聖人」、「聖賢」之稱，亦可用在德高望重的凡人身上。而且在普世價值上，也不只有耶穌

◎ 法國　◎ 杏仁奶油
◎ 聖誕
◎ 餡餅

誕是「聖誕」，其他宗教也各有以其傳統及觀點出發的「聖誕節」。十二月廿五日的唯我獨尊，是歐美文化稱霸世界的副產品。值得思考的，其實是其他地方水土人士，如何在不知不覺間相信了聖誕節，完全臣服於這外來的文化價值。

臣服歸臣服，糊裏糊塗地過節是大部份人的態度。真正了解學習不同地方的基督教聖誕傳統，從來不是主流思維。在羊群心理的影響下，一窩蜂地放蕩式消費購物的同時，有興趣玩味這宗教節日傳統的人少之又少。譬如很多人知道有拆禮物日（Boxing Day），卻很少人知道隨後還有主顯節（Epiphany）。主顯節意義重大，以三王來朝的聖經故事，象徵猶太君王，救世主默西亞（Messiah，新教譯作彌賽亞）受到外邦人的朝拜，意味着原本只屬猶太民族的宗教信仰，將會通過耶穌基督，展開為全人類的普世救贖工程。

吃帝王餅，上面的小皇冠和藏在餅內的小瓷娃，都是不可缺少的玩意兒。

從西方民間風俗來看，主顯節除了是拆掉聖誕裝飾，結束慶典活動的時候，也是吃帝王餅（king cake）的日子。不同地方有不同形式的帝王餅，和大家聚首吃餅時玩的傳統遊戲。今天最為人熟知的，可能是法式的「galette des rois」，一種以杏仁奶油（frangipane）作餡的圓形酥皮餅食。法國人會在餅內藏一個稱為「fève」的小小飾物（通常是帝王像瓷娃），然後幸運地吃到這個 fève 的，就會帶上紙皇冠，做一天皇帝或女王。香港近年也有餅店會做應節的法國帝王餅，除了杏仁原味，還推出其他不同的創新味道，非常有心思。

夾心威化

◎ 奧地利
◎ 餅乾

寫作此文時，剛巧身在奧地利。奧國有個頗具歷史的餅乾品牌「Manner」，它的榛子味千層威化可說是經典之作，檸檬味的也做得很棒，當年跟英國的「Jacob」和法國

的「LU」，在惠康都可以輕易買到。

回想起小時候，不論是上學還是旅行，媽媽都會為我和弟弟準備一個小小的餐盒，我們叫它「食物盒」。有一段時間，食物盒中不時有原包的 Manner 威化在內。除了美味，我對 Manner 印象深刻，是因為它經典完美的蝦肉色錫紙正方形存氣包裝，兩包疊在一起，形狀和大小剛好像砌積木一樣，完美稱身地與食物盒結合得天衣無縫，彷彿買餅乾時本來便附有這個塑膠盒子。這次在奧國逛超市，見到幾十年不變的 Manner 方形包裝威化，令我勾起不少兒時回憶。

「威化（wafers）」的歷史，可以追溯至十七世紀歐洲。在一六五八年倫敦出版的 *Archimagirus Anglo-Gallicus; Or, Excellent & Approved Receipts & Experiments in Cookery* 中，已有製作威化的記述。當時是用蛋清和花香味的水（如玫瑰水）打散，加入麵粉做成麵糊，再以鹽糖調味，塗抹在燒熱的鐵器平板上，烙成薄而脆的威化。在歐洲不同地區，都有威化的蹤影，而且變化出許多各有特色的美食。荷蘭、比利時、波蘭等地，和威化都頗有歷史淵源；英國和法國更加在很早期，已經把威化帶到高尚食桌之上，成為巧克力和冰淇淋的最佳伴侶，令一頓貴氣的晚餐，藉着質地奇趣的威化，劃上完美句號。

威化是我從小便常見常吃的小食。輕盈鬆脆的質地，相信是它討人喜歡的主要因素。但其實一直到了夾心威化出現之後，它才正式成為世人的甜點寵兒。而夾心威化，就正正是由 Manner 的創辦人 Josef Manner，於一八九八年始創成為商品的。夾心威化的原名是「Neapolitan wafers」，Neapolitan 這字，與我們今天常吃的「拿破崙蛋糕」的名字有同一由來，都是指「千層」的意思（因此把 Neapolitan 翻譯成拿破崙其實是個錯誤，不過這是題外話）。Manner 的原創千層夾心威化餅，百多年來從包裝到材料做法，幾乎完全沒有改變過。十片47×17×17毫米的夾心威化餅，每片由五層威化夾着四層意大利拿波里產榛果醬，整齊地排列成方磚，包裹在密封存氣的錫紙裏，是百年不變的味道，也是許多人從小吃到大的溫心小吃。

Stollen 與 Yule Log

前一章寫的蘭姆酒罐（Rumtopf），是我最近才認識的新「老朋友」。雖然未算是一見如故，亦未至於是相逢恨晚，但那些飲滿了蘭姆酒和白糖的過季水果，又豈止是代表着一年過去，提示着季節更替的甕中精靈？滿壺浸淫着的，都是凝固了的春夏時光，那種超越浪漫的味道意象，令我深深感受到冬天的威嚴，同時又能透過藉時間發酵出來的甘醇甜美，得享大地之母柔和的慰撫與擁抱。難怪它能成為年近歲晚，德國人一家團聚的濃厚節日氣氛中，一口流傳已久的寒冬禮讚。

在糖和酒的酣醉中，如睡美人一樣留住了青春的各種鮮果，是蘭姆酒罐之所以迷人的主要催化劑。在本來甜酸青澀的水果之上，加上一層人定勝天的甜

◎ 德國　◎ 蛋糕
◎ 聖誕
◎ 麵包

味，本意當然是為了保存夏果，好待清冷的嚴冬日子，也能有親吻水果的福份。另一個自古以來就備受利用的保存方法，是乾燥大法。天然風乾、日照曬乾，又或是弱火焙乾，都能大大延長生果的美味壽命。而且，在成功保存之外，乾果還多了一份進化了、濃縮了的果味，跟吃生鮮水果很不一樣。

乾果也是不少西方聖誕食品的重要原材料。名氣響亮如前文提過的免治批、登地蛋糕及聖誕布丁，全都有用到乾果。可是，我發覺十個香港人中，起碼七到八個對乾果製成的甜品都敬而遠之。不知道是童年陰影還是文化差異，總之這個乾果恐懼症候群，令不少傳統歐西聖誕應節食品，慘變成洪水猛獸。最可惜的是，它們因個人口味喜好，而落得臭名遠播，令不少其實從沒吃過這些食品的，也不敢去碰它們。

我一向在口味上都左右逢源。乾果我不怕；用上幾個月時間，在烈酒中浸得飽滿的乾果，然後被巧製成不同的糕餅甜食，我就更加不抗拒；如果是用心用意做的優質貨色，我更是甘之如飴。在這許多不同的乾果甜餅中，有一樣也是來自德語圈的，我自已十分喜歡，但它在香港卻常被雙重嫌棄。事關除了乾果，它還有另一「犯眾憎」材料——杏仁膏（marzipan）。它就是名聞世界的德國聖誕應節麵包「stollen」，又稱為「weihnachtsstollen」。

說它是麵包，因為它的作法和質地，都比較接近麵包或餅乾多於蛋糕。主要材料當然有麵粉、牛奶、牛油、蛋和酵母——烘焙的奧妙之處，就是來來去去那幾樣材料，便能烤出千變萬化。尤其是節慶期間如聖誕，那種層出不窮目不暇給，真的教人不得不佩服歷史長河裏，無數在烤箱前孜孜不倦地鑽研和創作的前人們。

一般相信源自德累斯頓的 stollen，是一款工序不少而且需要時間讓味道融合發展的餅食。在揉麵之前，先要把各種乾果浸泡在白蘭地或蘭姆酒、果汁和糖混合而成的汁液中，讓乾果吸收水份味道、脹大回軟。乾果通常包括葡萄乾、黑醋栗乾、櫻桃乾、乾果仁如杏仁核桃，糖漬橙皮、檸檬皮等，沒硬性規定，也可隨地區及口味調整。滲滿了酒香的醉糖果，會被平均糅合在麵糰裏。這過程殊不容易，因為麵糰很黏濕，很難處理。

至於杏仁膏，先要捏成長條，然後釀入麵糰正中，其實和我們做蓮蓉、棗泥和豆沙餡的概念很類似。香港人害怕杏仁膏，可能只是故步自封地錯過了這個聯想；既然蓮蓉餡可吃可口，杏仁膏也沒有兩樣。至於說它有怪味，我個人就相信是因為只吃過用化學杏仁香精做的劣作，未曾見識過真材實料的精心巧製而已。

Stollen 的形狀，據說是模仿襁褓中的耶穌聖嬰，傳統上要在揉成欖球形的麵團兩邊，用小棍或木杓子的柄印出深坑，做成那經典的樣子。Stollen 的外形很難演變；要數外形最深入民心，同時又最百變的，一定非「樹頭蛋糕（yule log）」莫屬。對吃西餅有癮頭如我者，多年來也應該吃過不少樹頭蛋糕。尤其是在聖誕派對中，它往往是餐桌上的焦點，是歐西應節糕餅的龍頭。

舉世聞名的德式傳統聖誕食品「Stollen」，是我很喜歡的一種應節餅食，不過香港人一般都似乎不太喜歡它。

樹頭蛋糕，相傳是由聖誕節燃燒一種同名木頭「yule log」以祈求幸運的習俗而來的。無獨有偶，這傳統也是跟德語系（及北歐人）有關聯。常見的樹頭蛋糕，其實是原條的基本巧克力捲蛋糕，外面用巧克力糖霜飾面，再在飾面上劃出不規則坑紋，模仿樹皮的質感，最後灑上糖粉，寓意浪漫的冬日白雪。今天，樹頭蛋糕已經有無數的可能性，口味和外形上都早已突破傳統，也成為糕餅廚師每年表現創意的一個好機會。

Kouign-Amann

◎ 法國　◎ 甜品
◎ 布列塔尼
◎ 包點

記憶是很有趣的事情。我自問記憶力差勁，甚至可說是腦殘。記不得別人名字引來尷尬是平常事，記不得書名店名戲名歌名等等，更是個人特色。很佩服過目不忘的朋友，那些任何時候你問一個名字就能隨口作答的人，都是我的偶像。

在連自己寫的歌也會記不起旋律來的狀況下，我其實也不是沒有記得比較牢的事情的。有關食的詞彙，我便相對能夠常在心間。當然，比起許多我認識的食家，我懂的簡直是皮毛得教人汗顏。就算我記得所有我懂的，都只是滄海一粟。只是若然要找強項，我也只能往食品名字裏去找罷了。

在記得與不記得之間，很慚愧的還是不記得為多。就最近，我又發現一樁善忘事件。事源上月在東京某新開業的甜點店，吃了一道改良自經典法式包點的招牌甜食。那一道其實並不出色的東西，名字帶有「kouign」這個音節，我當時沒有即時想起，可能只在潛意識中對這個不一般的字，有點遙遙的感應而已。

直到離開了東京，整理相片時再看到它，下意識地在互聯網上翻查一下，聰明得嚇人的搜尋功能第一個彈出的結果，竟是我自己幾年前在 instagram 的貼圖。那是我在歐洲拍的一盤烤得金黃酥香的糕餅，後面豎着一塊寫着「Kouign-Amann」的紙板，我還略述這個 Kouign-Amann 是甚麼東西。但幾年後與它不期而遇，竟然已經印象全無。我唯有怪罪香港飲食生態反智，除了最賣錢最潮的，其他一律不得賣不得做，令我因生疏而善忘。但說到底，始終是自己的不才，也是這個地方文化的不才，成就了如此悲哀。為了試圖改變宿命，只好用文字再次記錄這個被遺忘的美食……

「Kouign-Amann」是一種多層焦糖牛油麵點，介乎甜麵包與牛角酥之間，源自法國西北的布列塔尼半島，一個名字怪怪的叫「杜阿爾納納」（Douarnenez）的漁港。它與牛角酥等千層麵包最大的分別是，牛角酥之類屬於 viennoiseries，麵糰加了奶油雞蛋等材料，令質地幼細得近若甜點。傳統的 Kouign-Amann 也是個多層起酥的麵包，但層次的多寡及粗細都跟 viennoiseries 有差別。它是以四成麵糰三成牛油和三成砂糖做成的，牛油及砂糖被摺疊在層層麵糰之間，然後捲起或四角摺起，放入杯形鬆餅模中烘至砂糖焦化，成品要比牛角酥粗豪，吃起來有踏實的滿足感。在香港真的不容易找到它，我這照片是在溫哥華拍的。如果誰知道香港哪裏有得吃，煩請告知，感激不盡。

拖爐餅

中國地大物博，這是宣傳性語句，但同時也是事實。這國度，大得我們未能了解，甚至不能理解，這也是事實。基本上，我想沒有人能真真切切地走遍大江南北。走遍的意思，不是打咭式地把所有省份、直轄市、自治區和特區都從一個簡單籠統的「去過了」清單上剔除便算（事實上，即使如此，要涉足全部區域已經很少人能夠做到）；而是每有人煙聚落之處、每有歷史留痕之地也去一趟的話，那根本是有十條命也不夠用的 mission impossible。

我在大學唸地理時，讀過一個叫「微氣候」的概念。即使屬於同一氣候環境的地段，當中不同的據點，也會因為某些條件差別，例如高度、植被，甚至人為設施，而令氣象讀數如溫度、濕度等，有輕微但可量度的差異存在。那時我們一群二十歲未滿的小孩，跟着從臺灣來的講師一起去元朗考察，在山坡上下量度溫度和濕度的輕微差異。那是個還有冬天的香港，山坡上高處不勝寒，體感

◎ 中國　◎ 小吃
◎ 江蘇　◎ 煎餅
◎ 常熟

溫度跟地面有明顯分別，是個成功的實驗。

其實，一切人文社會活動，也好像微氣候一樣，在同一大系統中，會有許多因地理位置轉移而帶來的微妙變化。用微妙而非微細來形容這些變化，是因為它們的結果往往教人弱弱地嘖嘖稱奇。這篇談的一種蘇式餅食「拖爐餅」，便是令我有如此感受的例子。我也不是第一次提起外公是常熟人，這次又拿來張揚，因為拖爐餅算得上是常熟名小吃的一種。拖爐餅的外表，看在受廣府飲食文化影響的香港人眼裏，跟燒餅、蟹殼黃之類似乎沒有甚麼分別。其實，香港人只懂得把江浙一帶不同區域的食品，全都當成「上海菜」來辦。我提起媽媽家的祖籍時，如果說是常熟，沒人會有任何概念那是何方何地。所以，我們都乾脆說自己是上海人，反正外公也真的在上海工作生活過，也不算是欺世盜名、夤緣攀附。

講回拖爐餅，它在江南餅食中未必是最有名的，但也是蠻有自家風格的一種。於我來說，它的特點有二：先是一個用鮮薺菜、豬板油丁和白糖做成的餡料，甜吃的薺菜有它的美妙之處，好像香港某酒店的西餅廚師，也喜歡用菠菜做甜點，味道有種出乎意料之外的小清新。另一特點，就是所謂「拖爐」的做法。這個餅，在和好麵粉、包好油酥、入餡成形後，要分別用上下兩個爐快速把底面同時烤香烤熟。下面的爐，是一隻好像做生煎的圓形平底鍋，每次大概可放六到八個餅一起半煎半烤。而上面的爐，有點像個超厚鍋蓋一樣，頂上安裝了用鐵枝做的抓架，令整個爐真的可以有如鍋蓋一般提起來，方便廚師來來回回的頂爐「拖」底爐，把撒了黑芝麻的餅面烤成金黃鬆香，餅底也同時烙得焦脆，餡料燙熱。烤好了的拖爐餅，層層酥化的麵皮內，野菜的清香混和白糖的清甜，是種很有江蘇風韻氣質的小吃。雖算不上精致，但亦不失優雅，是現代人生活中所缺少了的，一種能在囂張與媚俗間，顯現清淨閒逸的態度。

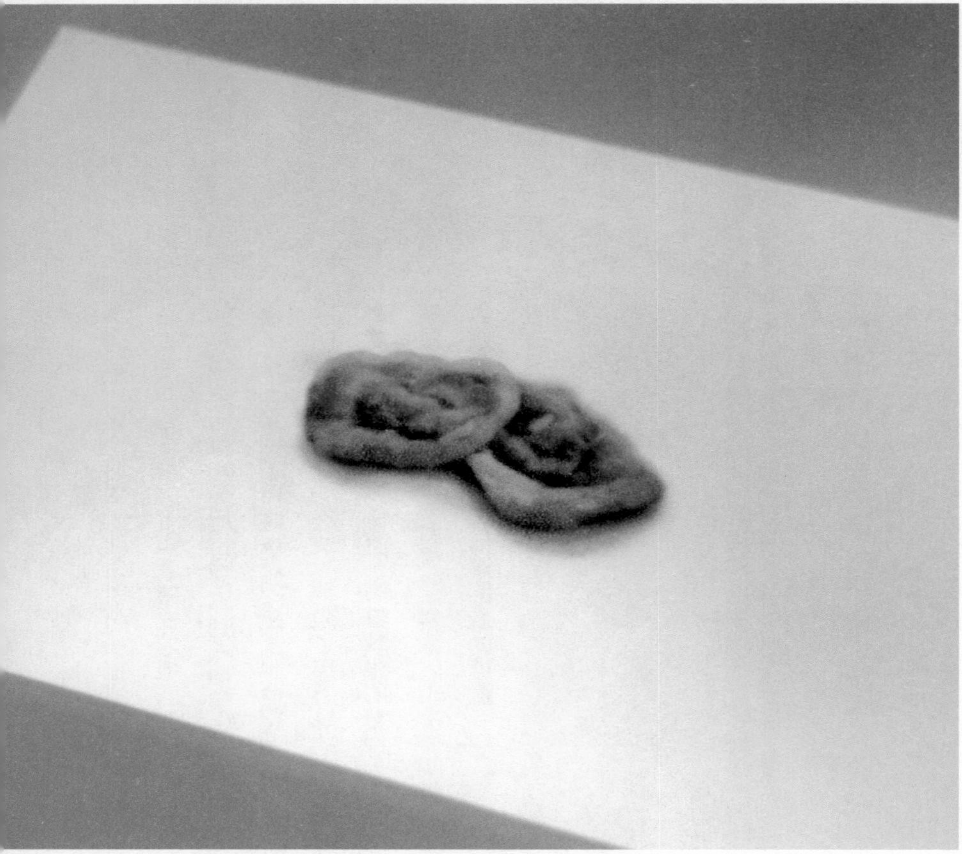

糖油餅

◎ 中國
◎ 北京
◎ 油器

我人生中第一次自主自發的旅行，是大學二年級的寒假，和當時宿舍的宿友一行六人一起到北京。回想起來，我父母也真是開明。就算今時今日，當我不足十五歲的姪女單人匹馬去高雄，寄住同學家兩星期時，我作為「長輩」，說真的也不是不擔心。

當年我們六個黃毛小子，糊裏糊塗的旅館又沒訂，回程機票又沒買，北京冬季有多冷又不曉得，結果仍能完成旅程安全回家（只是給人騙了一次錢而已），真是吉人天相。做父母的能容忍如此任意妄為，兼且完全不左右，也真是一種過人的膽識與定力。

那趟處女航程後的將近三十年間，因為種種原因回去北京好多次，見證了國都的劇變，也見識多了在地的風土人情。尤其在吃的方面，北京一向充滿特色與魅力，背後典故也引人入勝。可堪作為國際中國菜親善大使的「北京烤鴨」，不論是老字號的、新晉的、隱世的，依然是最多上京人士必吃之選。烤鴨當然有強烈的京菜精神面貌，仔細觀察，能夠從中對北方飲食習慣和口味有點體會；但去的次數多了，不尋常開始變得尋常，不去發掘多些地道飲食原貌以廣見聞，也確實有點愧對自己的驛馬因緣吧。

有一段時間，很沉迷北京老式早飯，會跑到護國寺去吃那家（其實也很遊客主導的）名店。管不了地道不地道，見到食物便貪婪地點，一碗豆汁直往下灌，便以為自己是個捨易取難的美食英雄了。其實喝光別人都說難喝的豆汁又有甚麼大不了？能虛心求教豆汁這種奇特飲料與京華飲食系統之間的關係，才是對老北平早飯文化的誠心尊重。

另一為當地人津津樂道的早點就是「糖油餅」，它是最謙卑也最要求心思技術去製作的一件點心。若根據廣府人的飲食分類，它屬於油器的一種，跟牛脷酥、煎堆等是遠房親戚。糖油餅材料非常簡單，除了麵粉、水、發酵媒介和糖，就只要一鍋熱油。麵糰揉好後，要好像做酥皮一樣的拿一部份出來，加糖和一個糖麵。許多人見糖油餅中間的糖餡呈褐色，便認為是用了紅糖。其實傳統做法是用濕氣較重、顆粒較細的「綿白糖」，來做成油餅上那一片糖餡。要把綿白糖炸成這個顏色香味，同時餅身外酥內軟，不會油滋滋的，才算是把火候掌握得宜。它的一陣香酥甜，與豆漿最匹配。老實說，在做資料蒐集前，糖油餅有吃過幾次，但根本不知綿白糖為何物。所以每次到北京，都總會教我長知識。

椰撻

我是怪人，因此想法也怪。常有跟我不算認識的人，從表象認定我愛吃，半打趣的說「你愛吃，為何卻長不胖？」如此彬彬有禮的話語，我的怪腦筋立時反應卻是：此句前設之多、謬誤之深，為己為人，不得不說點甚麼來作澄清。首先，本人根本不瘦。肉眼觀測的肥瘦，從來無標準可言。你覺得某某肥，我絕對可以說他瘦，那是純主觀，說明也毫無意義。

而愛吃必然體胖這想法，也包含了訛傳的假道理。首先，人在某特定時間的體型，是受多種複雜因素影響。各人體質本異，吃的習慣只是其中一項影響體重的原由。硬要把肥胖和饞嘴掛鈎，跟認定黑人一定是罪犯也不是不類似，是體型歧視。其次是，縱使暴飲暴食是引致身體過重的主因，愛吃的人也不等如就有暴食習慣。

◎ 香港　◎ 甜點
◎ 西洋文化
◎ 椰絲

對飲食之事有興趣、有感覺，是種理智的情操。愛吃就要多吃，吃到死去活來才罷休，這只是心胸狹隘者們憑貪小便宜心態，對熱愛生活的人的黑心估算。愛吃，可以吃得簡單、節制、負責；而這樣吃，更能親近飲食文化的本質，免至混淆了靠吃東西來壓抑情緒，或者只以純消費享樂的態度來對待飲食。

以上的就當我發牢騷好了。這裏想談的，其實只是一隻謙卑的「椰撻」而已。椰撻，或以正名「椰子塔」來稱呼它，我喜歡它甚於名氣響亮得多的蛋撻。它是平常不過的港式混搭平民烘焙品；說它「混搭」，因以普通常識來審視，不難看出它的用材、形態及味道，都絕不是傳統廣東餅食的套路，卻又隱含華南口味的神髓。它的主要材料是麵粉、白糖、牛油、牛奶及椰絲，聽起來就不很中國菜。但歷史原因，加上西方主流文化一個世紀以來對香港的洗禮，令我們對那不中不西的味道，有莫名的親切感。

然而，令我暗暗吃驚的是，最近媒體在報導它時，用上「懷舊」來形容。可能是我的「怪」使我跟現實脫節，任憑我如何想像，也無法把它跟懷舊混為一談。但這個傷感的事實無論怎麼難接受，在香港市面的確愈來愈難找到它的影蹤。那天難得遇上，買了一隻，拍了張照片放上面書，得來甜品大廚朋友，香港「四季酒店」糕餅總廚 Ringo Chan 留言，說初入行時也烤過不少，如果溫度時間掌握得好，撻面會烘出「人」字裂紋，這是椰撻好壞的標準。而我手中一隻撻，不禁令他懷緬青葱歲月。看罷留言，在欣慰圖文喚起友人美好回憶之餘，也不得不承認自己除了是怪人，也已經正式變成「上一代人」了。

在香港愈來愈不流行的椰撻，其實絕對是個本土小吃的代表之一。

作者簡介

于逸堯

香港人，香港中文大學社會科學學士，主修地理，卻以音樂為終生職志。一九九六年創作《再見二丁目》得以入行，一九九九年與黃耀明等人創立「人山人海」獨立音樂廠牌，運作至今。二〇〇六年開始寫作有關飲食文化的文章，著有《文以載食》、《食以載道》、《食咗當去咗》、《半島》、《暢遊異國　放心吃喝》、《天地一餛飩》及《不學無食》。現為《MilkX》及《am730》等報章雜誌撰寫專欄文章。

不學無食 貳 2

◎一菜◎一路

于逸堯 著

責任編輯 寧礎鋒
書籍設計 姚國豪
影像創作 許康民 姚國豪
圖像來源 于逸堯

文章刊載於二〇一七年二月至二〇一九年二月的香港《明周》雜誌「一菜一路」專欄。

出版　三聯書店（香港）有限公司
香港北角英皇道四九九號北角工業大廈二十樓
JOINT PUBLISHING (H.K.) CO., LTD.
20/F., North Point Industrial Building,
499 King's Road, North Point, Hong Kong

香港發行　香港聯合書刊物流有限公司
香港新界大埔汀麗路三十六號三字樓

印刷　美雅印刷製本有限公司
香港九龍觀塘榮業街六號四樓A室

版次　二〇一九年三月香港第一版第一次印刷

規格　特十六開（150mm × 210mm）二八八面

國際書號　ISBN 978-962-04-4450-0

© 2019 Joint Publishing (H.K.) Co., Ltd.
Published & Printed in Hong Kong

三聯書店
http://jointpublishing.com

JPBooks.Plus
http://jpbooks.plus